电力变压器绕组变形检测技术及应用

主　编　王志川

副主编　邓　勇　黄华林　廖光华　郑　敏

中国电力出版社

CHINA ELECTRIC POWER PRESS

内 容 提 要

准确诊断变压器绕组是否变形以及变形程度，对保障电力设备和电网安全运行具有重要意义。本书分为常见故障分析、短路冲击分析、绕组变形检测技术、匝间短路检测技术以及案例分析和装置介绍六大部分，内容力求做到深入浅出，理论联系实际。

本书适合从事变压器设计、制造、运行、维护、检测及现场应用的相关技术人员使用，并可供相关专业科研院所、高等院校师生参考。

图书在版编目（CIP）数据

电力变压器绕组变形检测技术及应用 / 王志川主编.

北京：中国电力出版社，2024.12. -- ISBN 978-7-5198-9630-0

Ⅰ．TM410.7

中国国家版本馆 CIP 数据核字第 2024MS6734 号

出版发行：中国电力出版社
地　　址：北京市东城区北京站西街 19 号（邮政编码 100005）
网　　址：http://www.cepp.sgcc.com.cn
责任编辑：安小丹（010-63412367）
责任校对：黄　蓓　朱丽芳
装帧设计：赵丽媛
责任印制：吴　迪

印　　刷：三河市万龙印装有限公司
版　　次：2024 年 12 月第一版
印　　次：2024 年 12 月北京第一次印刷
开　　本：787 毫米×1092 毫米　16 开本
印　　张：9.5
字　　数：198 千字
印　　数：0001—1000 册
定　　价：90.00 元

编 委 会

主　　编　王志川

副 主 编　邓　勇　黄华林　廖光华　郑　敏

编写人员　刘　睿　张　榆　袁　威　廖文龙　张　玻

　　　　　方　源　李　林　邓强强　邓　浩　刘　洋

　　　　　朱　林　陈　夏　唐　可　徐　昆　曾清竹

前　言

电力变压器作为支撑现代社会电力供应的核心设备，其安全、稳定运行对于整个电力系统的持续、健康运行具有不可估量的重要性。然而，随着电网容量的不断扩大和电力负荷的日益增长，变压器绕组损坏事故也呈现出越发频繁的态势，严重威胁着电力系统的可靠运行。因此，准确诊断变压器绕组是否变形以及变形程度，对保障电力设备和电网安全运行具有重要意义。

本书编写人员结合自身的实践经验，将有关电力变压器绕组变形的知识通过易学易懂的形式展现出来，实用性强。全书分为常见故障分析、短路冲击分析、绕组变形检测技术、匝间短路检测技术以及案例分析和装置介绍六大部分，内容力求做到深入浅出，理论联系实际。期望通过本书的阐述与探讨，能够为相关领域的研究人员、工程技术人员以及运维管理人员提供有益的参考与借鉴，共同推动电力变压器绕组状态监测与预警技术的进步与发展，愿为保障电力系统的安全、稳定与经济运行贡献力量。

本书在编写过程中得到了国网四川省电力公司、重庆南瑞博瑞变压器有限公司、成都工百利自动化设备有限公司的帮助，在此表示感谢！书中引用和参考了一些文章、专著没有一一表明出处，在此一并致谢！

由于能力有限，加上编写时间仓促，书中难免有不妥之处，望广大读者提出宝贵意见，同时欢迎同行与我们进行深入交流探讨。

编　者

2024 年 10 月

目　录

前言

第1章　电力变压器绕组结构及常见故障 ·· 1

　　第一节　电力变压器的结构及分类 ··· 1

　　第二节　电力变压器绕组结构 ··· 2

　　第三节　电力变压器绕组常见故障及原因分析 ·································· 8

　　本章小结 ··· 13

第2章　电力变压器短路冲击研究 ·· 14

　　第一节　绕组抗短路能力及稳定性研究 ··· 14

　　第二节　短路冲击的累积效应 ·· 32

　　本章小结 ··· 38

第3章　电力变压器绕组变形检测技术 ·· 39

　　第一节　离线检测技术 ··· 39

　　第二节　在线监测技术 ··· 52

　　本章小结 ··· 65

第4章　电力变压器匝间短路检测技术 ·· 66

　　第一节　离线检测技术 ··· 66

　　第二节　在线监测技术 ··· 75

　　本章小结 ··· 81

第5章　案例分析 ··· 82

　　第一节　绕组变形案例1 ··· 82

第二节　绕组变形案例 2 ··· 89

第三节　绕组变形案例 3 ··· 95

第四节　绕组变形案例 4 ··· 107

第五节　绕组变形案例 5 ··· 111

本章小结 ··· 116

第 6 章　电力变压器绕组变形在线监测装置的研制 ······················· 117

第一节　在线监测装置的理论依据 ··· 117

第二节　在线监测装置的设计 ·· 120

第三节　在线监测装置的典型应用场景 ··· 125

第四节　应用案例 ··· 131

本章小结 ··· 140

参考文献 ·· 142

第 1 章

电力变压器绕组结构及常见故障

在电力系统中，电力变压器作为能量传递与转换的关键设备，其稳定运行对于确保电能质量及电网的安全至关重要。而其内部的绕组结构则是决定变压器性能和可靠性的关键因素。本章介绍了电力变压器绕组的基本构造、类型及其物理特性，探讨了绕组可能遭遇的典型故障模式，特别是绕组变形这一严重影响变压器寿命和安全运行的问题。阐述了导致绕组变形的各种因素，如机械冲击、过电压事件、热循环等，并讨论这些故障对电力系统稳定性的影响。

第一节　电力变压器的结构及分类

一、定义

GB/T 1094.1—2013《电力变压器　第 1 部分：总则》中定义如下。

电力变压器（power transformer）：具有两个或两个以上绕组的静止设备，为了传输电能，在同一频率下，通过电磁感应将一个系统的交流电压和电流转换为另一个系统的交流电压和电流，通常这些电压和电流的值是不同的。

绕组（winding）：构成与变压器标注的某一电压值相对应的电气线路的一组线匝（对于三相变压器，指三个相绕组的组合）。

二、分类

GB/T 17468—2019《电力变压器选用导则》中对电力变压器进行分类如下。

（1）按绕组材质可分：铝绕组变压器和铜绕组变压器。

（2）按绝缘介质可分：液浸式变压器、干式变压器和充气式变压器。

（3）按用途可分：联络变压器、升压变压器、降压变压器、配电变压器、厂用变压器

及站用变压器等。

（4）按绕组耦合方式可分：独立绕组变压器和自耦变压器。

（5）按绕组数可分：双绕组变压器和多绕组变压器。

（6）按相数可分：单相变压器和三相变压器。

（7）按调压方式可分：无调压变压器、无励磁调压变压器和有载调压变压器。

（8）按冷却方式可分：自冷变压器、风冷变压器、强迫油循环风冷变压器、强迫油循环水冷变压器、强迫导向油循环风冷变压器和强迫导向油循环水冷变压器。

三、主要结构

电力变压器的结构主要有铁心、绕组、绝缘、外壳和必要的附件等（见图 1-1），各部分的组成及功能不同，共同完成电压变换、能量传递以及自身的保护。

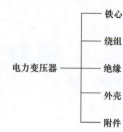

图 1-1　电力变压器的主要结构

第二节　电力变压器绕组结构

一、绕组的设计要求

绕组属于变压器的电路部分，一般由铜或铝的绝缘导线绕成。绕组和铁心共同完成能量的转换，绕组负责将系统的电能引入一次回路，又通过二次回路转换电能并传输出去。

电力变压器在运行时会遭受过电压、过电流、高温等影响变压器正常工作的异常工况，因此，绕组在设计时必须满足电、热、力的基本要求，才能使变压器正常稳定长期运行[1]。

（一）绝缘强度的要求

变压器运行中除承担运行电压外，还会承受各种类型的过电压，根据过电压的类型，对变压器的绝缘强度提出了不同要求。GB/T 1094.3—2017《电力变压器　第 3 部分：绝缘水平、绝缘试验和外绝缘空气间隙》中对不同过电压下的要求标准和检验方法作出了详细的规定。

1. 雷电冲击电压（LI）

雷电冲击电压也称大气过电压，在电力系统中，雷电击中线路、杆塔或感应等都可能引起雷电过电压。根据电网公司的统计可知，由雷击及其过电压作用而导致电力变压器损坏的事故占总损坏事故台次的 16.7%。因此，考核变压器在雷电冲击电压作用下的绝缘承受能力十分必要。

GB/T 1094.3—2017《电力变压器　第 3 部分：绝缘水平、绝缘试验和外绝缘空气间隙》中规定了不同类别变压器的雷电冲击试验，与 IEC 60076-3—2013《电力变压器　第 3 部分：空气中绝缘水平、介电试验和外清洁性》中的相关规定有差异，见表 1-1。

表 1-1　　　　　　　　不同类别变压器的雷电冲击试验要求

标准	设备最高电压范围①	$U_m \leq 72.5kV$	$72.5kV < U_m \leq 170kV$		$U_m > 170kV$
	绝缘类型	全绝缘②	全绝缘	分级绝缘③	全绝缘和分级绝缘
GB/T 1094.3—2017	线端雷电全波冲击试验（LI）	型式试验（包括在 LIC 中）	例行试验⑤	例行试验	例行试验
IEC 60076-3—2013		型式试验			不适用（包括在 LIC 中）
GB/T 1094.3—2017	线端雷电截波冲击试验（LIC）	型式试验	型式试验	型式试验	型式试验
IEC 60076-3—2013		特殊试验	特殊试验	特殊试验	例行试验
GB/T 1094.3—2017	中性点端子雷电全波冲击试验（LIN）④	型式试验	型式试验	型式试验	型式试验
IEC 60076-3—2013		特殊试验	特殊试验	特殊试验	特殊试验

① 设备最高电压（U_m）：指三相系统中相间最高电压的方均根值，变压器绕组绝缘按此设计。

② 绕组的全绝缘：与变压器绕组端子相连接的所有出线端都具有相同的规定的绝缘水平。

③ 绕组的分级绝缘：变压器绕组的中性点端子直接或间接接地时，其中性点端设计的绝缘水平低于线端所规定的绝缘水平。

④ GB/T 1094.3—2017 规定，对于全绝缘的三相变压器，当中性点不引出时，中性点端子雷电全波冲击试验（LIN）为特殊试验。

⑤ 表中的例行试验指变压器在出厂时需要进行的试验项目。

2. 操作冲击电压（SI）

电力变压器在运行过程中会受到操作过电压的冲击，例如线路的合闸和重合闸、断路器动作、容性负载的投切、故障和故障切除等因素。雷电过电压属于外部过电压，操作冲击过电压属于内部过电压，内部过电压与设备的电压等级相关，故一般电压等级低的变压器（170kV 以下）过电压承受能力以雷电过电压为主，操作冲击过电压作为特殊试验。

GB/T 1094.3—2017《电力变压器　第 3 部分：绝缘水平、绝缘试验和外绝缘空气间隙》中对不同类别变压器的操作冲击试验有规定，见表 1-2。

表 1-2　　　　　　　　不同类别变压器的操作冲击电压试验要求

设备最高电压范围	$U_m \leq 72.5kV$	$72.5kV < U_m \leq 170kV$		$U_m > 170kV$
绝缘类型	全绝缘	全绝缘	分级绝缘	全绝缘和分级绝缘
线端操作冲击试验（SI）	不适用	特殊	特殊	例行试验①

① 表中的例行试验指变压器在出厂时需要进行的试验项目。

3. 交流耐受电压（AC）

电力变压器长期运行时绝缘会发生劣化，内部某些绝缘薄弱的部位会发生局部放电，导致绝缘性能下降，在严重的局部放电长期作用下会造成绝缘击穿。因此对变压器要考核交流耐压情况，在交流耐压时同时测量局部放电以检验其绝缘状态。变压器的交流绝缘耐受包括匝间、对地、相间等，故 GB/T 1094.3—2017《电力变压器　第 3 部分：绝缘水平、绝缘试验和外绝缘空气间隙》中对不同类别的变压器规定了多种形式的交流耐压试验，详情见表 1-3。

表 1-3　　　　　　　　　　不同类别变压器的交流耐压试验要求

设备最高电压范围	$U_m \leq 72.5\text{kV}$	$72.5\text{kV} < U_m \leq 170\text{kV}$		$U_m > 170\text{kV}$
绝缘类型	全绝缘	全绝缘	分级绝缘	全绝缘和分级绝缘
外施耐压试验（AV）	例行试验①	例行试验	例行试验	例行试验
感应耐压试验（IVW）	例行试验	例行试验	例行试验	不适用
带有局部放电测量的感应电压试验（IVPD）	特殊试验	例行试验	例行试验	例行试验
线端交流耐压试验（LTAC）	不适用	特殊试验	例行试验	特殊试验

① 表中的例行试验指变压器在出厂时需要进行的试验项目。

（二）机械强度的要求

根据电磁感应原理，当变压器中的绕组流经电流时，由于电流和漏磁场的作用，绕组会受到电动力的作用，如图 1-2 所示。

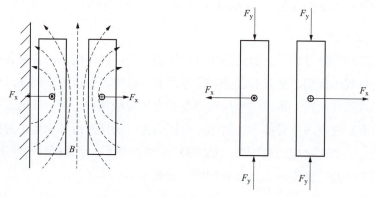

图 1-2　变压器绕组所受电动力分析

F_x—绕组所受的辐向力；F_y—绕组所受的轴向力；B—磁感应强度

变压器绕组所受辐向力如图 1-3 所示，变压器绕组所受轴向力如图 1-4 所示。

变压器正常运行时，绕组所受的电动力很小，但在突发短路时，作用于绕组的电动力很大，同时短路电流会导致绕组温度上升，高温会使绕组的机械强度下降，最终导致绕组变形。因此，绕组的结构及工艺制造直接关系着绕组的抗短路能力。GB/T 1094.5—2008《电力变压器　第 5 部分：承受短路的能力》中对变压器的动稳定能力的检验和评估作出了相应的要求。

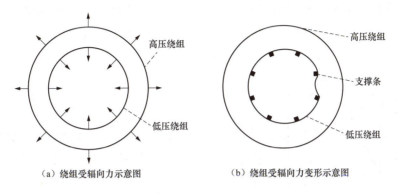

（a）绕组受辐向力示意图　　　　　　（b）绕组受辐向力变形示意图

图 1-3　变压器绕组所受辐向力

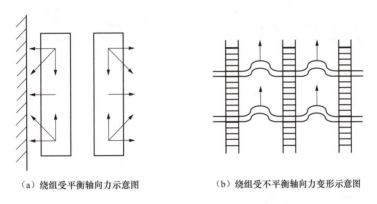

（a）绕组受平衡轴向力示意图　　　　　（b）绕组受不平衡轴向力变形示意图

图 1-4　变压器绕组所受轴向力

（三）耐热强度的要求

变压器温度升高的原因主要是空载损耗与负载损耗产生热能，这使得变压器的寿命以及绝缘材料的寿命降低。耐热强度要求有两点：一是在长期运行的热作用下，绕组绝缘的使用寿命应不少于 20 年；二是变压器遭受短路冲击后，绕组线圈能够承受短路电流的热效应且无绝缘损伤。GB/T 1094.2—2013《电力变压器　第 2 部分：液浸式变压器的温升》规定了正常运行时变压器的温升标准及试验方法，GB/T 1094.5—2008《电力变压器　第 5 部分：承受短路的能力》规定了变压器短路时热稳定能力的试验方法。

二、绕组的形式

变压器中接到高压电网的绕组称为高压绕组，接到低压电网的绕组称为低压绕组。根据高压绕组和低压绕组围绕铁心的排列方式不同，可以分为同心式和交叠式两种基本形式。

同心式绕组是低压绕组和高压绕组绕沿其辐向由内向外地同心排列，低压绕组靠近铁心。交叠式绕组的排列方式则是沿着铁心轴向将高压绕组和低压绕组交替排列。

同心式绕组（见图1-5）结构简单，制造方便，国产的电力变压器大多为心式变压器，均采用同心式结构；交叠式绕组（见图1-6）绝缘比较复杂，主要应用于壳式变压器。

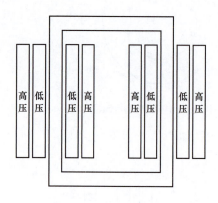

图1-5　同心式绕组

图1-6　交叠式绕组

绕组的形式主要是根据其容量、电流、匝数来决定的，同时也会考虑绕组形式本身的特性，例如电气强度、机械强度、制造工艺以及散热问题等。

同心式绕组根据其绕制特点可分为圆筒式、箔式、连续式、纠结式、插入电容式、螺旋式等几种形式[2]，如图1-7所示。

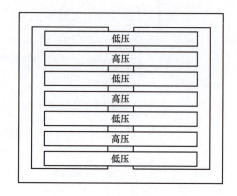

图1-7　绕组的形式

（一）圆筒式绕组

圆筒式绕组是典型的同心式绕组，属于层式绕组的一种，由单根或多根导线并联沿绕组的轴向连续绕制而成。根据其在绕组的辐向上绕制的层数不同，分为单层式、双层式、多层式以及分段式。在使用双层及以上绕组形式时，为防止层间绝缘击穿，需在线层之间放置层间绝缘以及冷却油道。

圆筒式绕组的优点在于绕制简单，层间油道的散热效率高，但机械强度差。单层圆筒式绕组由于机械强度差很少被使用，只用于部分调压绕组；双层圆筒式一般用于电压1kV及以下的小容量低压绕组；多层圆筒式一般用于电压10kV小容量高压绕组；分段圆筒式层间电压低但结构复杂，一般用于电压35kV、66kV小容量变压器和大容量超高压变压器的高压绕组。

（二）箔式绕组

箔式绕组是以铜箔或铝箔作为导体绕制而成的绕组，属于层式绕组的一种。箔式绕组一层即为一匝，铜箔（铝箔）的宽度就是绕组的轴向高度，匝间绝缘就是层间绝缘，因此空间利用率很高。

箔式绕组的优点是绕制简单，生产效率高，机械强度高，不容易变形，而且箔式绕组能承受较大的短路电流，适用于低电压、大电流的绕组。目前液浸式及干式变压器电压 400V 低压绕组大多采用箔式绕组。

（三）连续式绕组

连续式绕组是典型的饼式绕组。导线沿绕组的辐向连续绕制形成一个空心线饼，多个线饼沿绕组的轴向排列组成饼式绕组。由内径向外径绕制的线饼称为正饼，由外径向内径绕制的线饼称为反饼，一正一反构成一个双饼单元。连续式绕组由多个双饼单元串联绕制而成，在线饼之间放置垫块用于绝缘和散热，如图 1-8 所示。

连续式绕组的机械强度高，但纵向电容较小，受到雷电冲击时起始电压分布不均匀，耐受雷电冲击电压的绝缘强度低，容易发生匝间或饼间击穿。连续式绕组的应用范围很广，能适应大范围的电压等级和容量等级要求，适用于电压 110kV 及以下的大容量高压绕组。

（四）纠结式绕组

纠结式绕组的导线并绕根数是其并联根数的两倍，其绕制方式与连续式绕组基本相同，如图 1-9 所示。纠结式绕组中两个相邻的线匝在电气上并不是直接串联的关系，而是间隔了若干个线匝，这种结构使得相邻线匝之间的电压等于一个线饼的电压，增大了绕组的纵向电容，改善在受到雷电冲击电压时绕组端部起始电压的分布状况。纠结式绕组相较于连续式绕组，具有良好的耐受雷电冲击过电压的性能，适用于电压 110kV 及以上的高压绕组。

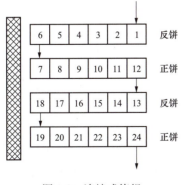

图 1-8　连续式绕组

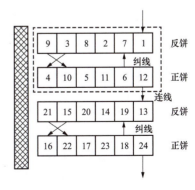

图 1-9　纠结式绕组

（五）插入电容式绕组

插入电容式绕组是特殊的连续式绕组，是在连续式线饼的外侧插入仅增加绕组纵向电容而不流通工作电流的导线，又称屏线，屏线跨线饼插入绕组，通常有双饼屏、四饼屏、六饼屏等。插入电容式绕组的绕制方法与纠结式绕组相似，如图 1-10 所示，通过调整每个线饼内的屏线匝数和跨接的饼数来改变纵向电容的大小。

插入电容式绕组相较于纠结式绕组，耐受雷电冲击过电压的性能更好，适用于电压 110kV 及以上的高压、中压绕组。

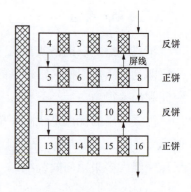

图 1-10　插入电容式绕组

（六）纠结连续式绕组

纠结连续式绕组顾名思义是纠结式绕组和连续式绕组的组合，通常在首端采用纠结式以改善电压分布，提高绝缘强度，其余采用连续式以降低工艺难度。纠结连续式绕组适用于电压 330kV 及以下绝缘水平的绕组。

（七）螺旋式绕组

螺旋式绕组是单根或多根导线沿绕组轴向按照螺线管的形式绕制而成，是结构最为简单的一种线圈结构形式，分为单螺旋、双螺旋和多螺旋式。多螺旋式的导线沿轴向并绕，各螺旋之间也是并联关系。

螺旋式绕组绕制简单，适用于电压 35kV 及以下的大电流低压绕组，以及电压 66kV 及以上的调压绕组。

第三节　电力变压器绕组常见故障及原因分析

一、绕组常见故障概述

绕组作为变压器的核心组成部件之一，其健康状态直接关乎变压器的性能，其故障率占变压器故障比例高且逐年呈增长趋势。一台电力变压器从设计制造到出厂运输安装，甚至在投入运行后都可能在各个环节对变压器绕组造成影响，在运行中引发故障。绕组常见故障类型主要包含发热故障、绝缘故障以及机械故障，机械故障也就是绕组变形。以下对绕组常见故障几种常见类型表现形式进行分析。

二、绕组常见故障

（一）绕组过热故障

在变压器温度场中，绕组是变压器的主要热源之一。绕组过热产生的原因有很多，如：

（1）绕组连接不良，引起接头处容易发热。

（2）变压器长期在高温、过负载等运行工况下，较大的过载电流引起变压器本体或绕组局部温度升高。

（3）变压器发生短路故障时，其产生的短路电流远高于额定电流，由电流热效应可知，大电流产生更多的热量，引起绕组线圈发热。

（4）绕组饼间油道堵塞、油流不畅，使得堵塞部位无法有效散热，形成局部高温，造成严重老化，以致绝缘纸脆化脱落形成局部短路。

（5）变压器漏磁产生过热，漏磁的辐向分量分布复杂，引起的涡流损耗分布极不均匀，尤其在端部附近易产生局部高温。

（6）设计或工艺不良、运行中变形等原因导致并联绕组间电动势不平衡，从而在并联绕组间产生过大的环流，导致发热。

（7）冷却器无法正常工作导致油温过高。

变压器在正常运行情况下，正常发热不会对绕组绝缘造成严重影响，如环境温度上升、短时负荷波动等，对变压器影响较小。然而，绕组发生故障性过热时，内部温度分布极不均匀，故障处温度远高于平均温度，长此以往，势必会对绕组绝缘造成极大破坏，甚至导致变压器发生绝缘故障。

（二）绕组绝缘故障

油浸式变压器绕组绝缘采用油纸复合绝缘结构，能够有效提供绕组绝缘强度。它不仅影响绕组的绝缘性能，还对变压器的技术性能与经济指标具有较大的影响。

变压器运行时绕组不仅要承受工作电压，还时常受到各种过电压的冲击及热和机械的作用，在绝缘受潮、绝缘老化以及电动力等综合作用下，绕组绝缘容易劣化损坏，最终形成绕组绝缘故障[3]。具体分析如下：

（1）绝缘受潮。水分是绝缘系统的大敌，绝缘油中的微量水分是影响绝缘性能的重要因素之一。绝缘油中微量的水分可使绝缘油击穿电压降低，介质损耗因素增大，促进绝缘油老化，进而导致绕组绝缘整体下降。引起绝缘受潮可能原因有：

1）变压器制造过程中，绕组绝缘的浸漆不透，干燥不彻底。

2）环境湿度大、密封不良。在变压器储存、运输、运行过程中由于密封失效、存在负压等原因，导致水分进入变压内部。

3）吊罩检修时由于未充干燥空气、环境湿度超标、绕组暴露时间过长、注油前真空处理不到位等原因造成水分侵入。

（2）绝缘老化。变压器正常使用过程中，随着使用时间的推移，绕组绝缘自然老化，绝缘特性下降。此外，绕组过热也会造成绝缘纸加速热老化，破坏绝缘性能。根据 GB/T 1094.7—2008《电力变压器　第 7 部分：油浸式电力变压器负载导则》，温度每增加 6℃，相对老化率增加 1 倍，即绝缘寿命缩短一半。一方面，变压器长期在高温、过负载等运行工况下，变压器本体或局部温度升高，热量持续积聚导致绕组绝缘材料热老化问题，引起绕组绝缘降低；另一方面，短路故障时巨大短路电流产生大量热量使得绕组发热。此外，局部温度过高时，会直接引起绝缘的热击穿。

（3）电场畸变。主变压器运行检修过程中，可能会有异物进入，如气泡、金属颗粒等，会造成局部电场畸变，加重局部放电，如果发展成为小桥，会直接导致绝缘的击穿。同时由于各种原因导致的油流带电，也可能会导致局部电场畸变，严重时导致绝缘击穿。

（4）电动力。变压器绕组流过短路电流时，绕组将受到巨大的轴向与辐向电动力，引起绕组相对位移会直接造成绕组线匝绝缘损伤，从而使绕组绝缘降低。

（5）设计制造。绕组材料设计导线不符合要求，如厚度不够，局部绝缘裕度不够；制造工艺问题，在绕组线圈绕制工艺过程中，使得绝缘损坏；绝缘结构不合理，在换位处没有加强措施，以致换位处的剪刀口在线圈压紧时，绝缘出现损坏。

（三）绕组变形故障

电力变压器绕组变形是指在电动力和机械力的作用下，绕组的尺寸或形状发生不可逆的变化。它包括轴向与辐向的尺寸变化，器身位移，绕组扭曲、鼓包和匝间短路等。绕组变形严重威胁电力系统安全稳定运行，因此研究绕组变形具有重要意义。

1. 绕组变形主要原因

引起变压器绕组变形的原因有很多，大体可分为以下三类。

（1）设计制造工艺缺陷。变压器在设计制造过程中存在缺陷或者不合理因素，导致抗短路能力不合格。

（2）短路故障冲击电流。变压器在运行中难以避免要遭受各种短路故障的冲击，特别是出口或者近区短路冲击对变压器的危害最大。在短路电流作用下，绕组发生轻微变形，导致绝缘性能及机械性能下降，如果不及时检测而继续运行，在下一次短路电流冲击作用下，绕组变形程度再次增加，出现恶性循环。

（3）变压器在运输、安装或吊罩过程中发生意外碰撞，造成变压器绕组变形。

机械力导致绕组变形通常为运输或地震等导致，运行中变压器的变形主要由电动力引起，下面对其进行介绍。

2. 电动力导致绕组变形机理

以双绕组为例，通过绕组漏磁及电磁力分布，着重对绕组变形机理以及主要几种变形形式进行分析。

变压器运行时，其绕组及支撑结构件上的电磁分布和结构应力分布比较复杂。绕组流过负载电流时，就会在周围空间产生磁场，其中大部分集中在绕组铁心上，形成变压器的主磁通，少部分在铁心之外形成漏磁通，绕组处于漏磁场中，受漏磁通作用力。在变压器运行中，负载电流所形成的漏磁通分布及电动力示意如图 1-11 所示。

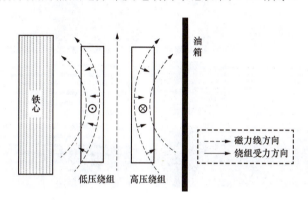

图 1-11　绕组漏磁分布及电动力示意图

由于变压器绕组的特殊结构，使得磁力线在绕组端部弯曲，根据左手定则，高压绕组整体上受到向外的拉伸作用力，有使其向外扩张的趋势，低压绕组整体上受到向内的压缩作用力，有使其向内压缩的趋势。这样绕组将同时受到轴向力和辐向力的作用。正常运行时，变压器的漏磁通和绕组电流均较小，绕组受力较小，本身结构较为稳固，不容易发生故障。当变压器短路故障时，短路电流和漏磁通将成倍增加，绕组受力剧增，绕组受到的辐向短路力和轴向短路力变大，一旦超过绕组所能承受的极限时，绕组将发生变形故障。另外，在电力变压器运输安装或检修过程中由于外力作用导致内部紧固件的松动，使得绕组抗短路能力下降，即使在正常运行情况下，长期受到电动力的作用，绕组仍然可能发生变形。因此，绕组在受到机械外力或短路电动力的冲击作用下，其形状和尺寸大小将发生不同程度的变化。其主要表现形式有轴向变形、辐向变形、线饼倾斜。

（1）轴向变形。根据绕组漏磁分布及电动力示意图（图 1-11）可知，由于绕组的对称性，变压器绕组受到轴向力指向绕组中部，且受力大小表现为中部较小，依次向两端增大。因此，处于两端的绕组受到较大的轴向压力，使得线圈在轴向扭成 S 形。发生变形主要有两种形式：一是绕组饼间间距发生了改变，从而引起绕组轴向间距变化；二是由于垫块处位置改变较小，而没有垫块的位置处发生弯曲变形。

轴向变形实物图如图 1-12 所示。

图 1-12　轴向变形实物图

（2）辐向变形。根据绕组漏磁分布及电动力示意图（图 1-11）可知，低压绕组受到电动力方向指向铁心，表现为对铁心的挤压。当压力或拉伸应力超过绕组铜导线的材料屈服强度时，绕组就会发生辐向变形，表现为在轴向支撑条之间出现塌陷，或者集中在某薄弱处鼓包。高压绕组受到电动力方向向外，表现为向外扩张的拉伸。由于高压绕组电流相对较小，受到的电动力也较小，所以一般不会发生变形，辐向变形实物图如图 1-13 所示。

图 1-13　辐向变形实物图

（3）线饼倾斜。为了使绕组固定并提高抗短路能力，通常会在绕组轴向施加一定的预压紧力，而线饼之间的绝缘垫块是可压缩的，若预压紧力过小，在绕组承受轴向电路电磁力的过程中，绕组线饼之间可能会出现较大空隙，从而发生轴向失稳，产生线饼倾斜现象。

线饼倾斜倒塌图如图 1-14 所示。

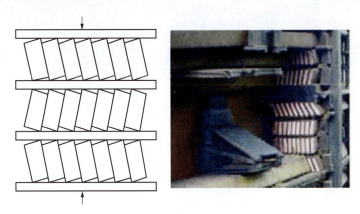

图 1-14　线饼倾斜倒塌图

本 章 小 结

在本章中，详细介绍了电力变压器绕组的基本结构，探讨了绕组变形这一关键故障形式及其成因，包括机械应力、热应力和短路冲击等因素的影响。同时，分析了不同类型的绕组故障对变压器性能及电力系统稳定性造成的威胁。本章为理解后续章节中的绕组变形检测技术和应用提供了必要的背景知识。

第 2 章

电力变压器短路冲击研究

本章详细探讨了短路电流对变压器绕组造成的机械应力及其可能导致的变形和损伤，分析了这些因素对电力系统稳定性与安全性的影响。通过实际案例研究，介绍了评估变压器在经历短路事件后的健康状态的方法。本章还讨论了预防措施和技术，以增强变压器面对短路冲击时的耐受能力，确保电力系统的可靠运行。

第一节 绕组抗短路能力及稳定性研究

一、突发短路时的计算分析

（一）短路电流

我们把电力系统近似认为是一个"无限大"的容量系统，"无限大"电源的内阻抗为零。以三相变压器为例进行分析，由于三相变压器的等值电路具有对称性，可以取某一相进行分析，图 2-1 所示为变压器发生三相短路故障时的等值电路。

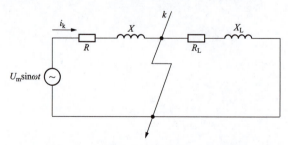

图 2-1 变压器发生三相短路时的等值电路

U_m—系统电压的幅值；R—短路时变压器的等值电阻；X—短路时变压器的等值电抗；

R_L—被短路的等值电阻；X_L—被短路的等值电抗；i_k—短路电流的瞬时值

当变压器突发短路时，根据电路理论可得

$$U_{\mathrm{m}}\sin(\omega t + \alpha) = i_{\mathrm{k}}R + L\frac{\mathrm{d}i_{\mathrm{k}}}{\mathrm{d}t} \tag{2-1}$$

式中　ω ——角速度；

　　　α ——短路时刻的初相位，又称为合闸角；

　　　R ——等值电阻；

　　　L ——短路时变压器的等值电感；

　　　i_{k} ——短路电流的瞬时值。

假定变压器在空载条件下突发短路，求解（2-1）可得

$$i_{\mathrm{k}} = \frac{U_{\mathrm{m}}}{Z}\sin(\omega t + \alpha - \varphi_{\mathrm{k}}) - \frac{U_{\mathrm{m}}}{Z}\sin(\alpha - \varphi_{\mathrm{k}})\mathrm{e}^{-\frac{R}{L}t} = i_{\mathrm{dz}} + i_{\mathrm{fz}} \tag{2-2}$$

式中　$Z = \sqrt{R^2 + X^2}$ ——短路回路的每相等值阻抗；

　　　$\varphi_{\mathrm{k}} = \arctan \omega L / R$ ——每相阻抗的阻抗角；

　　　　　　　i_{dz} ——短路电流的稳态分量；

　　　　　　　i_{fz} ——短路电流的暂态分量。

在实际的短路回路中，电抗值远大于电阻值，在计算中可认为 $\varphi_{\mathrm{k}} = \pi / 2$。由式（2-2）可知，当 $\alpha = 0$ 时，短路电流的暂态分量是最大的，为

$$i_{\mathrm{k}} = \frac{U_{\mathrm{m}}}{Z}\sin\left(\omega t - \frac{\pi}{2}\right) + \frac{U_{\mathrm{m}}}{Z}\mathrm{e}^{-\frac{R}{L}t} \tag{2-3}$$

由式（2-3）可知，当 $\omega t = \pi$ 时，即短路后半个周期时，短路电流的瞬时值最大，此时 $t = 0.01\mathrm{s}$，我们将三相短路电流的最大瞬时值称为冲击短路电流 i_{sh}，则

$$i_{\mathrm{sh}} = \frac{U_{\mathrm{m}}}{Z}\left(1 + \mathrm{e}^{-\frac{0.01R}{L}}\right) = K_{\mathrm{sh}} \times \frac{U_{\mathrm{m}}}{Z} = K_{\mathrm{sh}} \times \frac{\sqrt{2}U}{Z} = \sqrt{2}K_{\mathrm{sh}} \cdot I \tag{2-4}$$

式中　K_{sh} ——短路电流冲击系数，$1 \leqslant K_{\mathrm{sh}} \leqslant 2$；

　　　I ——短路电流周期分量的方均根值。

K_{sh} 与短路回路的电阻 R 和电抗 X 有关，GB/T 1094.5—2008《电力变压器　第 5 部分：承受短路的能力》中对 K_{sh} 的取值做了如下规定，见表 2-1。

表 2-1　　　　　　　　　　　　　　　　系　数　取　值

X/R	1	1.5	2	3	4	5	6	8	10	14
$\sqrt{2}K_{\mathrm{sh}}$	1.51	1.64	1.76	1.95	2.09	2.19	2.27	2.38	2.46	2.55

注　1. 若 X/R 为 1～14 之间的其他值，则 $\sqrt{2}K_{\mathrm{sh}}$ 可用线性插值法求得；

　　2. 当 $X/R > 14$ 时，若无其他规定：

　　　　对于 2501～100000kVA 容量的变压器：$\sqrt{2}K_{\mathrm{sh}} = 1.8 \times \sqrt{2} = 2.55$；

　　　　对于 100000kVA 以上容量的变压器：$\sqrt{2}K_{\mathrm{sh}} = 1.9 \times \sqrt{2} = 2.69$。

对于双绕组三相变压器，三相短路电流方均根值 I 的计算为

$$I = \frac{U}{\sqrt{3} \times (Z_t + Z_s)}$$ （2-5）

式中　I——三相短路电流方均根值，kA；

　　　U——所考虑绕组的额定电压 U_N，kV；

　　　Z_t——折算到所考虑绕组的变压器的短路阻抗，每相欧姆（Ω）（等值星形联结）；

　　　Z_s——系统短路阻抗，每相欧姆（Ω）（等值星形联结），按式（2-6）计算，即

$$Z_s = \frac{U_s^2}{S}$$ （2-6）

式中　U_s——标称系统电压，kV；

　　　S——系统短路视在容量，MVA；

对于变压器而言，短路容量是在变压器设计之初就规定好的，可参考 GB/T 1094.5—2008 和 IEC 60076-5—2006《变力变压器　第 5 部分：承受短路的能力》的相关规定，见表 2-2。

表 2-2　　　　　　　　　　　　系 统 短 路 视 在 容 量

GB/T 1094.5—2008		IEC 60076-5—2006		
设备最高电压 U_m（kV）	短路视在容量（MVA）	设备最高电压 U_m（kV）	欧洲现用值	北美现用值
			短路视在容量（MVA）	
7.2、12、24	500	7.2、12、17.5、24	500	500
40.5	1500	36	1000	1500
72.5	5000	52、72.5	3000	5000
126	9000	100、123	6000	15000
252	18000	145、170	10000	15000
363	32000	245	20000	25000
550	60000	300	30000	30000
800	83500	362	35000	35000
		420	40000	40000
		525	60000	60000
		765	83500	83500

注　如无规定，则认为系统零序阻抗与正序阻抗之比为 1～3。

（二）短路阻抗

1. 定义

按 GB/T 1094.1—2013《电力变压器　第 1 部分：总则》规定，短路阻抗 Z，是指变压

器的一对绕组，一侧加压，另一侧短路时，在加压侧的等效阻抗。对于三相变压器，等价为星形接线时每一相的阻抗。

在计算时通常将短路阻抗用短路电压百分数 $UK\%$ 来表示，即该对绕组中的一个绕组短路时，在另一个绕组施加的旨在产生额定电流（或分接电流）值的实际电压值（U_K）与其额定电压（或分接电压，U_N）之比，则

$$UK\% = \frac{U_K}{U_N} \times 100\% \qquad (2-7)$$

它等同于同一测量绕组的参考阻抗 Z_{ref} 的百分数 z $\left(Z_{ref} = \frac{U_N{}^2}{S_N}\right)$，即

$$z = \frac{Z}{Z_{ref}} \times 100\% \qquad (2-8)$$

短路阻抗为

$$Z = \frac{U_N{}^2}{S_N} \times UK\% \qquad (2-9)$$

式中　U_N——Z 和 Z_{ref} 所属绕组的额定电压；

　　　S_N——变压器的额定容量，MVA。

GB/T 1094.5—2008 对在额定电流下的变压器短路阻抗最小值做了规定，见表 2-3。

表 2-3　　　　　　　　　　双绕组变压器的短路阻抗最小值

额定容量（kVA）	最小短路阻抗（%）	额定容量（kVA）	最小短路阻抗（%）
25～630	4.0	25001～40000	10.0
631～1250	5.0	40001～63000	11.0
1251～2500	6.0	63001～100000	12.5
2501～6300	7.0	100000 以上	>12.5
6301～25000	8.0		

注　1. 在由单相变压器组成三组的情况下，额定容量值适用于三相组；

　　2. GB/T 1094.5—2008 中规定不同额定容量及电压等级的具体短路阻抗值，见相应的标准。

2. 内涵

短路阻抗由电阻和电抗分量组成，其中 R 表征短路阻抗试验时主变压器内的有功损耗所等价的电阻分量，即

$$R = \frac{P}{I^2} \qquad (2-10)$$

式中　P——总的有功损耗；

　　　I——短路阻抗试验施加电流有效值。

X 表征短路阻抗试验时主变压器内的磁场（能量）所等效的电感感抗分量，即

$$X = \omega L = \omega \frac{W_{\mathrm{m}}}{I^2} = \frac{Q}{I^2} \qquad (2\text{-}11)$$

式中　　W_{m}——磁场能量最大瞬时值；

　　　　I——短路阻抗试验施加电流有效值；

　　　　Q——总无功功率（由于容性无功为 $U^2\omega C$，短路阻抗试验施加电压小，绕组对地电容的容抗远大于短路阻抗，故忽略容性无功，认为总无功是电感中的无功）。

大型变压器短路阻抗受电阻分量影响极小，几乎忽略不计，主要受漏抗影响。按 DL/T 1093—2018《电力变压器绕组变形的电抗法检测判断导则》中定义：漏磁通是指单独交链高压或低压绕组的磁通（通过低压绕组与铁心间的空隙交链的主磁通相较于铁心中的主磁通几乎忽略不计，故主磁通一般指铁心中的共同交链的磁通）。主磁通是指高、低压绕组共同交链的磁通。漏抗由漏磁通产生，对于容量较大的变压器，漏抗等同于短路阻抗。

（三）漏磁场

电磁场满足麦克斯韦方程组，电磁场的扰动均以电磁波的形式传播，但当扰动源变化的频率很低，设备的尺寸不大时，可以认为扰动源的变化在瞬间同时传达到变压器的所有部位，而不需要考虑电磁波传播造成的延迟。

$$D = \varepsilon_r E \qquad (2\text{-}12)$$

$$B = \mu_r H \qquad (2\text{-}13)$$

式中　　D——电通量密度，C/m^2；

　　　　ε_r——介质的介电常数；

　　　　E——电场强度，V/m；

　　　　B——磁通密度，Wb/m^2；

　　　　μ_r——介质的磁导率；

　　　　H——磁场强度，A/m。

不考虑饱和时，主变压器内电路和磁路的相关参数均为固定参数（与激励源无关），电磁场的分布（E、D 场和 H、B 场）均满足叠加原理。可以由单匝线圈的磁力线（即磁感线）分布获得单绕组（空心）、双绕组（空心）、双绕组（带铁心）的磁力线分布。引入铁心后，由于磁化作用，会改变原有的磁场分布。铁心中的主磁通由励磁电压决定，漏磁通由高、低压绕组的负载电流、绕组位置决定，主变压器内的磁场的分布由主磁通和漏磁通叠加而成。对于铁心，垂直于界面的 B 场连续，平行于界面的 H 场连续，而对于垂直于界面的场，其磁回路必然串联有磁阻非常大的空隙、绕组等非导磁物质，故其垂直界面的磁压降很小（远较平行于界面的磁压降小），故铁心中的磁通以平行于界面的磁通为主，由于界面处 H 场连续，铁心外部附近区域的磁场平行于界面的分量与铁心内基本一致，漏磁场分布与无铁心时改变较大。对于铁轭遮挡部分，与无遮挡部分的实际磁通分布存在较大的不同，受力也会不同，双绕组主变压器正常运行时磁通分布示意图如图 2-2 所示（颜色不同表示相位不一定相同）。

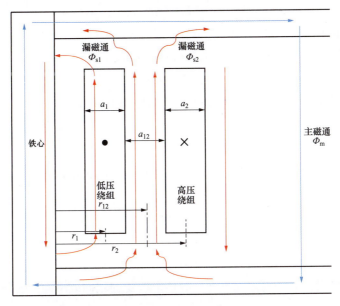

图 2-2　双绕组主变压器正常运行时磁通分布示意图

Φ_{s1}、Φ_{s2}—低压、高压绕组的漏磁通；Φ_m—主磁通；a_1、a_2—低压、高压绕组的辐向厚度；a_{12}—低压绕组与高压绕组之间的距离；r_1、r_2—铁心到低压、高压绕组中心之间的距离；r_{12}—铁心到低压绕组与高压绕组之间的中心的距离

设低压绕组匝数为 W_1，高压绕组匝数为 W_2，主磁通对低压绕组磁链为 Ψ_{m1}，主磁通对高压绕组磁链为 Ψ_{m2}，低压绕组漏磁通磁链为 Ψ_{s1}，高压绕组漏磁通磁链为 Ψ_{s2}。对于低压绕组有输出电压 U_1 为

$$U_1 = \frac{\mathrm{d}(\Psi_{m1} + \Psi_{s1})}{\mathrm{d}t} = \frac{\mathrm{d}\Psi_{m1}}{\mathrm{d}t} + \frac{\mathrm{d}\Psi_{s1}}{\mathrm{d}t} \tag{2-14}$$

低压绕组漏电感 $L_{s1} = \Psi_{s1}/I_1$，漏电抗 $X_1 = \mathrm{j}\omega L_{s1}$，则有

$$\frac{\mathrm{d}\Psi_{s1}}{\mathrm{d}t} = \mathrm{j}\omega L_{s1}I_1 \tag{2-15}$$

式中　j ——虚数单位；

　　　I_1 ——低压绕组的电流。

主磁通在低压绕组内产生的感应电动势 $E_1 = \dfrac{\mathrm{d}\Psi_{m1}}{\mathrm{d}t}$，代入（2-14）有

$$E_1 = U_1 - X_1 I_1 \tag{2-16}$$

同理，对高压绕组有

$$E_2 = U_2 - X_2 I_2 \tag{2-17}$$

由于 $\Psi_{m2} = k\Psi_{m1}$，k 为高压绕组与低压绕组的线圈匝数之比，同时变压器铁心回路可以视作安匝平衡，一、二次绕组产生的磁动势很小，则有

$$\dot{E}_1 = k\dot{E}_2 \tag{2-18}$$

$$\dot{I}_1 = -k\dot{I}_2 \tag{2-19}$$

联合式（2-16）、式（2-17），有

$$\dot{U}_2 = k\dot{U}_1 + (k^2 X_1 + X_2)\dot{I}_2 \tag{2-20}$$

空载时 $\dot{I}_2 = 0$ ，则 $\dot{U}_2 = k\dot{U}_1$ ；短路时 $\dot{U}_1 = 0$ ，则 $\dot{U}_2 = (k^2 X_1 + X_2)\dot{I}_2$ 。短路电抗 $X = k^2 X_1 + X_2$（忽略电阻），X_1 和 X_2 为低、高压绕组的漏电抗。

（四）电动力

电动力的大小取决于漏磁场的磁通密度与导线电流的乘积，导线每单位长度受力 f 的计算公式为

$$f = BI \tag{2-21}$$

漏磁场磁通密度 B 与流过的电流成正比，因此，短路力与短路电流的平方成正比。当变压器发生短路时，绕组承受巨大的短路力，可能使其结构发生损坏[4]。

长度为一个圆周周长的有限元单元，导体上所受的轴向或辐向的短路力为

$$F_i = K_f B_i 2\pi R_i J_{di} S_i \tag{2-22}$$

式中　K_f——短路电流冲击系数；

B_i——第 i 个单元导体内的横向或纵向磁通密度；

R_i——第 i 个单元导体的重心到铁心中心线的距离；

J_{di}——第 i 个单元导体内的对称短路电流密度；

S_i——第 i 个单元的面积。

1. 辐向力

辐向力是绕组承受的沿绕组辐向的电动力，由电流与轴向漏磁通相互作用产生。

以双绕组变压器为例，其绕组所受辐向力如图 2-3 所示。

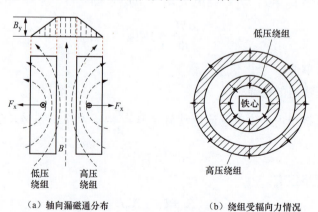

　（a）轴向漏磁通分布　　　　　　（b）绕组受辐向力情况

图 2-3　双绕组变压器轴向漏磁通分布及辐向力作用示意图

B_y—轴向漏磁通密度；F_x—由于 B_y 而产生的轴向力

对于变压器绕组而言，漏磁场的值从绕组的外径处由 0 增加到内径处最大，如图 2-3（a）所示。间隙中的磁通密度峰值为

$$B_{\max} = \frac{\sqrt{2}\rho\mu_0 NI}{H_{\mathrm{w}}} \tag{2-23}$$

式中　ρ——洛氏系数；

　　　　μ_0——介质磁导率；

　　　　N——绕组匝数；

　　　　I——绕组中电流的方均根值；

　　　　H_{w}——绕组高度。

高、低压绕组的电流方向相反，由左手定则可得，其所受的辐向力方向也是相反的，如图 2-3（b）所示。当突发短路故障时，辐向力将两个绕组推开，从而使低压绕组受到向内的压力，高压绕组受到向外的拉力。

作用于整个绕组的总辐向力 F_{r} 为

$$F_{\mathrm{r}} = \frac{\rho\mu_0 (NI)^2}{H_{\mathrm{w}}} \pi D_{\mathrm{m}} \tag{2-24}$$

式中　D_{m}——绕组的平均直径。

2. 轴向力

轴向力是绕组承受的沿绕组轴向的电动力，由电流与辐向漏磁通相互作用产生。当绕组端部的磁力线发生弯曲或沿绕组高度上的安匝分布不平衡时，会产生辐向漏磁通，如图 2-4 所示。

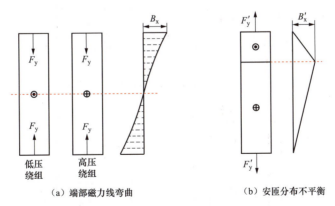

图 2-4　双绕组变压器辐向漏磁通分布及轴向力作用示意图

B_{x}—由于端部磁力线弯曲而产生的辐向漏磁通密度；F_{y}—由于 B_{x} 而产生的轴向力；
B_{x}'—由于安匝分布不平衡而产生的安匝漏磁通密度；F_{y}'—由于 B_{x}' 而产生的轴向力

根据洛伦兹力计算公式，绕组单位长度的轴向力计算为

$$F_{\mathrm{y}} = B_{\mathrm{x\,max}} i_{\mathrm{sh}} \tag{2-25}$$

式中 $B_{x\,max}$ ——为突发短路时辐向漏磁通密度最大值。

（1）端部磁力线弯曲产生的轴向力。在由端部磁力线弯曲产生的辐向漏磁通 B_x 而导致的轴向力 F_y 的作用下，内外绕组同时受到由两端向中部的轴向压缩力。由于垫块的存在，两组垫块之间的导线会出现轴向弯曲，产生弯曲应力。由于绕组两端的辐向漏磁分量最大，所以绕组两端所受的弯曲应力也就越大。

（2）安匝分布不平衡产生的轴向力。由于结构原因或电压调节等原因，导致高、低压绕组的实际高度不相同时，在绕组的辐向会产生不平衡的安匝漏磁通，如图 2-5 所示。在由安匝分布不平衡产生的轴向力 F_y' 的作用下，使绕组之间实际高度不等的程度不断扩大。

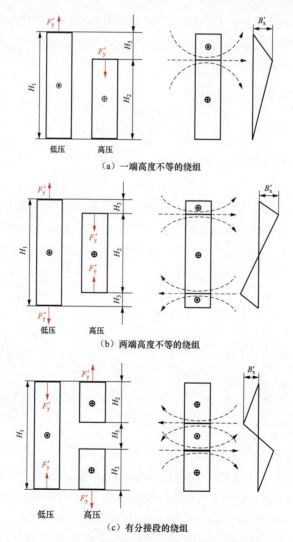

（a）一端高度不等的绕组

（b）两端高度不等的绕组

（c）有分接段的绕组

图 2-5 安匝不平衡产生的辐向漏磁通分布及受力情况

H_1—低压绕组高度；H_2—高压绕组高度；H_3—低压绕组与高压绕组的高度差

（五）特殊情况的受力及漏抗变化趋势分析

实际运行中的变压器，由于叠加了励磁磁通，励磁磁通仅与电压相关，漏磁通与负荷电流相关，励磁磁通会影响铁心周围的漏磁场分布，故绕组所在区域的磁场分布与单独漏磁通时存在一定差别。

例如负载（低压侧）为容性，低压绕组漏磁通与励磁磁通方向相同，高压绕组则相反，会使实际磁通的中性面整体向高压绕组方向移动，尤其是上下铁轭附近实际磁通的中性面可能会进入高压绕组。短路试验（状态）时，$U_1 = 0$ 即 $\varPsi_{m1} = \varPsi_{s1}$，励磁磁通与低压绕组漏磁通方向相反，与高压绕组相同，与漏磁通叠加后，上下铁轭附近实际磁通的中性面可能会进入低压绕组中，这使得运行中绕组的受力，尤其是绕组上下端部的受力更加复杂。下面对绕组受力的一些特殊情况进行分析，分析时有如下假设。

（1）短路指主变压器三相近区短路，即短路侧输出电压为 0。

（2）系统容量无限大，不会因短路造成电压下降。

（3）不考虑短路电流可能造成主变压器铁心的磁饱和。

（4）仅进行短路电流进入稳态后的受力分析。

（5）三绕组变压器考虑最典型的情况：低、中、高压绕组从铁心依次向外呈同心圆分布。

（6）不考虑铁轭影响，假设漏磁通沿铁心柱圆周对称分布。

1. 双绕组变压器（不带调压绕组）

对于双绕组变压器，正常运行时主磁通的相位虽与漏磁通不同，但主磁通的磁动势远小于漏磁通的磁动势，故绕组所在区域主要受漏磁场力的影响。正常运行时漏磁场由负荷电流建立，短路时漏磁场由短路电流建立，由比奥-萨法尔定理 $B = \dfrac{\mu_0 I}{4\pi} \oint_l \dfrac{\mathrm{d}l \times \mathrm{d}r}{r^3}$（描述单位长度的电流元矢量 $\mathrm{d}l$ 在距离其 r 远处产生的磁感应强度矢量 B）可知，漏磁场与建立它的电流相位相同，漏磁通区域的磁场由高、低压绕组各自的磁场叠加而成，双绕组变压器（不带调压绕组）的漏磁通分布示意图如图 2-6 所示，由于辐向磁动势平衡，故辐向磁通远小于轴向磁通，辐向磁通在绕组端部最大，向绕组中部递减，绕组不仅受到轴向漏磁场作用力，还受到辐向漏磁场的作用力。

下面对磁场向量的叠加进行分析：

设 $\vec{B}_1 = A_1 \sin \omega t (x_1, y_1, z_1)$、$\vec{B}_2 = A_2 \sin(\omega t + \alpha)(x_2, y_2, z_2)$。

当 $\alpha = 0$ 或 π 时，则

$$\vec{B}_1 + \vec{B}_2 = \sin \omega t (A_1 x_1 \pm A_2 x_2, A_1 y_1 \pm A_2 y_2, A_1 z_1 \pm A_2 z_2) \tag{2-26}$$

叠加后磁场方向为一固定值，幅值随时间正弦变化。

当 $\vec{B}_1$ 和 $\vec{B}_2$ 方向相同或相反时，即 $x_1 = x_2, y_1 = y_2, z_1 = z_2$ 或 $x_1 = -x_2, y_1 = -y_2, z_1 = -z_2$，则

$$\vec{B_1} + \vec{B_2} = [A_1 \sin \omega t \pm A_2 \sin(\omega t + \alpha)](x_1, y_1, z_1) \tag{2-27}$$

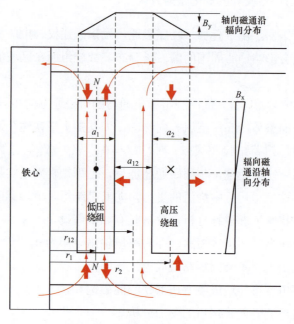

图 2-6　双绕组磁通分布示意图

叠加后磁场方向为一固定值，幅值随时间正弦变化。

若两磁场相位不同，且方向不同，则磁场叠加后，方向和幅值均会随时间变化。

对于双绕组主变，不论短路还是正常带负荷运行，高、低压绕组之间的电流相位均相差180°，磁场叠加后方向固定，故短路时双绕组变压器绕组受力的方向基本变化不大。但对于多绕组变压器则不然，可能在绕组某些区域存在方向不停改变的力。

同时从磁感应强度和电磁力公式可以看出：

（1）电磁力正比于 I 的平方，短路时电磁力会急剧增大。

（2）对于轴向磁场，绕组受到辐向力；对于辐向磁场，绕组受到轴向力。

对于高压绕组，辐向方向受到向外拉伸的力，且绕组内侧大于绕组外侧受到的力（磁场强度分布不同），轴向方向受向内压缩的力（尤其是端部绕组）。

对于低压绕组，辐向方向受向内收缩的力，且线圈外侧受到的力大于线圈内侧受到的力；轴向方向，由于辐向磁场方向不同，中性面右侧，上部受向上的力，下部受向下的力，向 H 增大的方向发展。对于中性面左侧，上部绕组受向下的力，下部受向上的力，朝 H 减小的方向发展，尤其当辐向安匝不平衡时，辐向磁场更大，绕组受到的轴向力更大。当力超过绕组、撑条、垫块、压饼等元件的弹性极限时，就会发生不可逆的变形。

（3）高、低压绕组磁动势相同，B 的分布类似，大小相同，但 $I_2 = I_1 / k$（k 为匝数比），故高压绕组受力远小于低压绕组，尤其是大型变压器，低压绕组受力是高压绕组的几十倍，加上短路时低压绕组内存在中性面，其受力更加复杂，故在短路冲击中，往往是低压绕组出现变形。

（4）上述的漏磁场分布为理想假设情况，实际磁场分布与理想情况更加复杂。但短路时电流剧增，磁感应强度剧增，绕组变形的方向一定是朝抗拒这种变化的方向发展的，即漏抗变大，朝短路电流变小的方向发展的。

2. 双绕组变压器（带调压绕组）

以最典型的高压端部出线中性点有载调压变压器为例进行分析。

（1）极限正分接。极限正分接时中性面会朝高压绕组侧移动，磁通及受力示意图如图 2-7 所示，由于辐向磁动势平衡，辐向磁场较小，以轴向磁场为主，绕组上下端面受力较小，绕组主要受辐向力，低压绕组向内收缩，高压主绕组和调压绕组向外扩张。

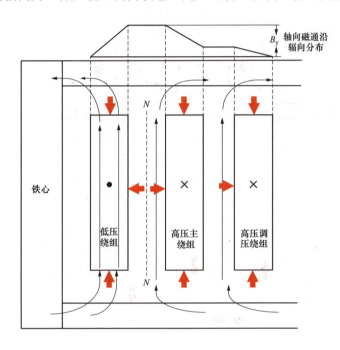

图 2-7　双绕组变压器（带调压绕组）极限正分接时磁通分布示意图

（2）极限负分接。极限负分接时中性面会朝低压绕组移动，且调压绕组由于电流与主绕组方向相反，在调压绕组与高压主绕组间也会存在一中性面，磁通及受力示意图如图 2-8 所示，此时辐向磁场较小，以轴向磁场为主，绕组主要受辐向力，低压绕组向内收缩，高压绕组左右受相反的力，但左侧磁密大，受力大；右侧受力小，故高压主绕组向外扩张，调压绕组也向外扩张。

（3）其他分接位置。若处于主分接位置，其受力情况如图 2-6 所示。若处于其他分接位置时，高压调压绕组由于分接位置不同，绕组高度不同，导致横向漏磁较大，使轴向受力的情况与极限分接位置时不同。以正分接为例，其受力情况如图 2-9 所示。

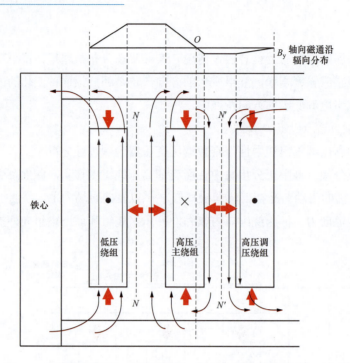

图 2-8　双绕组变压器（带调压绕组）极限负分接时磁通分布示意图

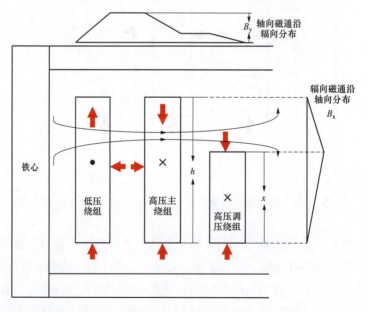

图 2-9　双绕组变压器（带调压绕组）处于正分接位置时磁通分布示意图

此时由于辐向安匝不平衡，使绕组受较大的轴向力，且在低压绕组中部辐向磁密最大处所受轴向力最大，低压绕组较高压绕组受轴向力更大，此时低压绕组整体受向上的轴向力，可能向上扩张，导致压饼位移或被破坏；负分接时类似，低压绕组受向下的轴向力。通过计算，可以得到当调压绕组高度 $x=0.5h$ 时，辐向磁密最大。以调压绕组与主绕组匝数比为 0.1 为例，辐向磁密最大可达轴向磁密最大值的 1/40，当然这是一种理想的极端状态，正常情况下调压绕组设计时往往会尽量考虑辐向安匝平衡，减少调压绕组区域的辐向磁场。

3. 三绕组变压器

需要指出的是：双绕组变压器的 T 形等效电路具有明确的物理意义，即中性面两侧的漏磁通分别与高、低压绕组交链（分别表征高、低压绕组的漏电抗），在变压器内部各元件物理位置确定后，漏磁场的分布也确定，漏磁链也确定，故漏电抗也确定，双绕组的 T 形等效电路的各侧电抗分别表征了高、低压绕组交链的漏磁通。

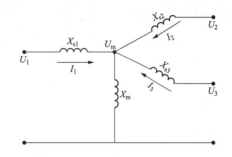

图 2-10　三绕组变压器 T 形等效电路

$U_1/U_2/U_3$、$I_1/I_2/I_3$ —低/中/高压侧输出电压、电流；

$X_{s1}/X_{s2}/X_{s3}$ —低/中/高压绕组三侧漏抗；

U_m —主磁通励磁电压；　X_m —励磁电抗

三绕组变压器 T 形等效电路如图 2-10 所示。由前述定义可知，短路阻抗是一个绕组对的参数，三绕组变压器有 3 个绕组对，每个绕组对漏磁场的中性面位置不一定相同，如：中-低和高-低绕组对的短路阻抗，由于中性面位置不同，低压绕组交链的磁通不一定相等，故两个绕组对中，低压绕组侧的漏抗 X_{s1} 不一定相等，故三绕组变压器的 T 形等效电路中漏抗的物理意义并没有双绕组变压器那么明确。三绕组 T 形等效电路适用于简单的短路分析，下面利用其对三绕组变压器短路时的受力情况进行简要分析。

（1）正常带负荷运行。三绕组变压器主磁通仍然有磁动势平衡，即 $I_1W_1 + I_2W_2 + I_3W_3 = 0$，正常运行时，高、中、低组三侧的负荷电流的相位是不固定的，带负荷运行时三绕组内部的漏磁通为三个绕组漏磁场叠加的结果。

由前述分析可知，当三侧负荷电流相位均不同时，在磁场方向不同的区域，叠加后的漏磁场方向、幅值均是时变的。绕组的受力也是时变的。

（2）低压绕组短路状态时。根据 T 形等效电路，对于三绕组变压器短路故障时有

$$\begin{cases} \dot{U}_m = -\dot{I}_1 \times \dot{X}_{s1} \\ \dot{U}_2 - \dot{U}_m = \dot{I}_2 \times \dot{X}_{s2} \\ \dot{U}_3 - \dot{U}_m = \dot{I}_3 \times \dot{X}_{s3} \\ \dot{I}_1 + \dot{I}_2 + \dot{I}_3 = 0 \end{cases} \Rightarrow \begin{cases} \dot{I}_1 = -\dfrac{\dot{X}_{s3} \times \dot{U}_2 + \dot{X}_{s2} \times \dot{U}_3}{\dot{X}_{s1} \times \dot{X}_{s2} + \dot{X}_{s1} \times \dot{X}_{s3} + \dot{X}_{s2} \times \dot{X}_{s3}} \\ \dot{I}_2 = \dfrac{(\dot{X}_{s1} + \dot{X}_{s3}) \times \dot{U}_2 - \dot{X}_{s1} \times \dot{U}_3}{\dot{X}_{s1} \times \dot{X}_{s2} + \dot{X}_{s1} \times \dot{X}_{s3} + \dot{X}_{s2} \times \dot{X}_{s3}} \\ \dot{I}_3 = \dfrac{(\dot{X}_{s1} + \dot{X}_{s2}) \times \dot{U}_3 - \dot{X}_{s1} \times \dot{U}_2}{\dot{X}_{s1} \times \dot{X}_{s2} + \dot{X}_{s1} \times \dot{X}_{s3} + \dot{X}_{s2} \times \dot{X}_{s3}} \end{cases} \tag{2-28}$$

由于 $\dot{X}_s = j\omega L_s$，所以可以将 j 算符提至分式前。

当 $\dot{U}_2$ 和 $\dot{U}_3$ 相位相同时。$\dot{I}_2$ 和 $\dot{I}_3$ 较 $\dot{U}_2$ 和 $\dot{U}_3$ 滞后 90°，$\dot{I}_1$ 超前 90°，即电流从高、中压侧流入，从低压侧流出，三者相位相同或相差 180°，此情况下与带调压绕组的双绕组变压器漏磁场分布情况相同，仅存在一组漏磁组，高、中压侧可以视作一侧绕组，其所在的区

域的漏磁场分布相同，受力方向也与双绕组短路时高压主绕组和调压绕组类似。但需要指出的是，中压侧的受力受电流分配的影响，若短路时中压侧分配的短路电路较大，中压侧所在区域的磁密本身也较高压侧大，此时中压侧受到的力远较高压绕组大。但电流和磁密最大的，始终是低压绕组，受短路电磁力冲击最强的是低压绕组，此种情况下，低压绕组的受力与双绕组短路时低压侧绕组类似。

当电磁力导致绕组发生变形时，低压绕组辐向向内收缩，高、中压绕组辐向向外扩张，故高-低和中-低绕组对的漏抗会朝增大的方向发展；高-中绕组对的漏抗则不确定，可能变小，也可能变大：视高、中压绕组间漏磁场分布区域的尺寸而定，实际情况中，高压绕组往往不会发生变形，仅中、低压绕组变形，故实际中高-中漏抗会朝减小的方向发展。

当 $\dot{U}_2$ 和 $\dot{U}_3$ 相位不同时。高、中、低三侧电流相位不同，在磁场方向不同的区域，叠加后的漏磁场方向、辐值均是时变的，在该区域绕组所受的短路电磁力方向和幅值也是时变的。

但实际短路中，各个系统之间相角差较小，很少会考虑漏磁场随时间发生方向改变的情形。这是由于：两向量的相角差别较小时，向量方向差别即使较大，但随时间同步变化，使向量和的方向随时间的变化也较小。同时主变压器主要绕组区域的向量方向差别较小，而向量和的方向始终在两向量夹角之间，当两向量方向差别很小时，可以认为其向量和基本不变。两者综合，分析短路时绕组受力时往往不考虑漏磁场的这种方向变化。

（3）中压绕组短路状态时。与低压侧短路类似，当高、低压侧电压相位不一致时，漏磁通在某些区域方向和幅值都是时变的。

普遍情况，高、低压侧电压相位相同，电流由高、低压绕组流向中压绕组，高、低压绕组电流相位相同，中压电流方向相反，此时漏磁通分布与双绕组变压器（带调压绕组）极限负分接时的情况类似，中压绕组中存在磁动势过零面，以此面为界，存在两个漏磁组。此时磁通的大致分布和受力示意图如图 2-11 所示。

如图 2-11 所示，高、中、低三侧绕组轴向均受向内压缩的力。高压绕组受外扩张的辐向力，以内侧表面绕组受力为最大；中压绕组内侧受向外扩张的辐向力，外侧受向内压缩的辐向力，以两侧表面绕组受力最大；低压绕组受向内收缩的辐向力，以外侧表面绕组受力为最大。

绕组如因电磁力导致变形，由于高、低压向中压绕组供电，电流分配不同，所以导致各个绕组区域的磁密不同，绕组变形的趋势也不同。当电流主要由高压绕组供应时，中压绕组靠近高压侧磁密较靠近低压侧大，故受力也大，中压绕组会向内收缩，高-中漏抗可能变大，中-低漏抗可能减小；反之，则变化趋势相反。若两侧受力接近，中压绕组被压缩，高-中、中-低漏抗则可能都会变大。

同时绕组变形的原因是由于合力——绕组整体受力，在薄弱环节释放导致变形，可能出现局部扭曲，故漏抗的实际变化情况较理论分析更为复杂。

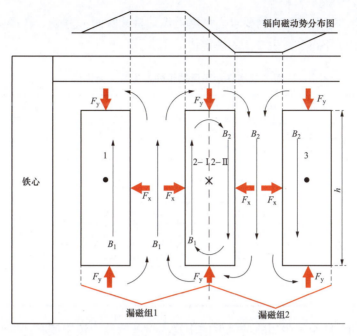

图 2-11 三绕组磁通分布示意图

二、绕组的抗短路能力

绕组的抗短路能力指其承受外部短路电流的热和动稳定效应而不发生损坏的能力。

（一）承受短路的耐热能力

变压器发生短路时，绕组中会流过很大的短路电流。电流的热效应会使绕组的温度急剧上升，而长时间的高温会使导线的机械强度下降，破坏绕组绝缘，导致变压器发生故障。

根据 GB/T 1094.5—2008 的规定，变压器发生短路后绕组的平均温度 θ_1 按照下式进行计算。

铜绕组为

$$\theta_1 = \theta_0 + \frac{2 \times (\theta_0 + 235)}{\dfrac{106000}{J^2 \times t} - 1} \tag{2-29}$$

铝绕组为

$$\theta_1 = \theta_0 + \frac{2 \times (\theta_0 + 225)}{\dfrac{45700}{J^2 \times t} - 1} \tag{2-30}$$

式中 θ_0——绕组起始温度，℃；

J——短路电流密度，A/mm^2，按对称短路电流的方均根值计算出；

t——持续时间，s。

根据 GB/T 1094.5—2008 的要求，短路电流的持续时间 t 为 2s。在经历短路电流后，绕组的平均温度 θ_1 不得超过表 2-4 的规定值。

表 2-4   每个绕组在短路后的平均温度最大允许值   ℃

变压器的型式	绝缘系统温度 （绝缘耐热等级）	温度最大值	
		铜绕组	铝绕组
油浸式	105（A）	250	200
干式	105（A）	180	180
	120（E）	250	200
	130（B）	350	200
	155（F）	350	200
	180（H）	350	200
	200	350	200
	220	350	200

由上式可知，绕组发生短路故障后的平均温度与短路电流密度和持续时间有关系。

（二）承受短路的动稳定能力

承受短路的动稳定能力通常由计算、设计和制造同步验证或者由短路试验来进行验证。

1. 试验方法

短路试验可分为先短路法和后短路法[5]。

先短路法是先将变压器的二次侧短路，然后在一次侧施加励磁电压，如图 2-12 所示。先短路法进行短路试验时，在最开始的几个周期，可能会由于铁心饱和而产生过大的励磁电流叠加到短路电流上，因此，要求将励磁电压施加于距离铁心最远的绕组。

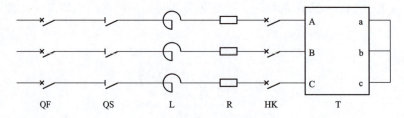

图 2-12   先短路法原理图

QF—断路器；QS—隔离开关；L—电感；R—电阻；HK—选相合闸开关；T—变压器

后短路法是先在变压器的一次绕组施加励磁电压，然后将二次侧短路。后短路法更接近于实际的运行工况，而且可以避免涌流问题。但是为了达到试验所需的额定电压和短路电流，对试验站的短路容量要求很高。

后短路法原理图如图 2-13 所示。

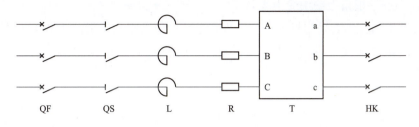

图 2-13　后短路法原理图

短路试验的短路电流峰值和对称短路电流应按式（2-4）、式（2-5）计算，试验所得的短路电流峰值偏差不应大于 5%，对称短路电流偏差不应大于 10%。

2. 试验结果的判断

短路试验后，应将被试变压器吊心，以检查铁心和绕组，并与试验前的状态相比较。重复全部例行试验，如满足下述条件，则应认为变压器短路试验合格。

（1）短路试验的结果及短路试验期间的测量和检查没有发现任何故障迹象。

（2）重复的绝缘试验和其他例行试验合格，雷电冲击试验（如果有）合格。

（3）吊心检查没有发现诸如位移、铁心片移动、绕组及连接线和支撑结构变形等缺陷，或虽发现有缺陷，但不明显，不会危及变压器的安全运行。

（4）没有发现内部放电的痕迹。

试验完成后，以欧姆表示的每相短路电抗值与原始值之差不大于 GB/T 1094.5—2008 的有关规定。

（三）提高抗短路能力的措施

1. 设计计算方面

（1）为了减小短路轴向力对绕组的危害，在设计时要认真地进行安匝平衡计算，尽可能地调整轴向上的安匝不平衡度；同时在考虑导线材质和力学性能的基础上，严格控制导线应力及轴向力的计算值在相应的范围内。

（2）为了减小短路辐向力对绕组的危害，尤其是低压绕组，要考虑支撑方式、支撑点的结构数量、导线的应力分析等，在设计计算时要留有充足的裕度避免辐向失稳。

（3）夹件、压板、拉板要进行强度、刚度计算，以便承受绕组压紧力和短路轴向力的作用。

（4）绕组之间的垫块在设计时要充分考虑其弹性系数，可通过密化系数来提高垫块的弹性系数，保证在受到短路力变形之后仍能维持一定的稳定性。

2. 制造工艺方面

（1）提高绝缘件和绕组的制造工艺，按照设计计算的要求进行加工，同时应严格控制偏差值，尽量保证一致性。

（2）绕组垫块应进行密化处理，周边要倒圆角，装配时对各撑条上的垫块总高度进行严格控制，保证各撑条上垫块受力均匀。

（3）在绕制绕组时，采用恒压干燥处理，之后加压进行预压紧，以控制绕组轴向尺寸。

（4）总装时要紧实，各压钉要均匀拧紧，采用油压千斤顶对绕组加压，保证轴向压紧力在规定值。

3. 试验方面

进一步地开展变压器的短路试验，了解变压器的机械稳定性，针对缺陷或不合格的地方不断进行改进。

4. 保护措施

（1）配备可靠的继电保护系统，减少短路冲击对变压器所造成的危害。

（2）对遭受短路冲击的变压器进行绕组变形的检测工作，或开展变压器绕组的在线监测，及时发现问题，防止变压器事故的发生。

第二节　短路冲击的累积效应

变压器因短路而发生损坏并不都是由于系统的单次短路造成的，绕组变形的累积效应是不可忽视的因素。变压器的内部结构特别是绕组在每次短路冲击下都会发生不同程度的形变，因此在下一次短路冲击时，由于结构的改变所受到的短路电动力是不一样的，其发生辐向或轴向变形的条件也随之改变。变压器短路冲击的累积效应本质上是每次受到短路冲击时产生的不可逆的微小形变的累积，当形变的累积超出了结构件机械强度的极限时，就会发生永久性的破坏性故障。

一、短路热效应累积

（一）绕组

变压器遭受短路冲击时，受热效应影响最大的就是绕组。在遭受短路冲击时，流过绕组的电流迅速增大，可达到额定电流的几十甚至几百倍。单次短路冲击的持续时间很短，可被视作是绝热过程，在短时间内所产生的大量热量无法散发到周围介质中，导致绕组的力学特性在高温下发生改变，同时绕组受外在约束及内在约束不能自由胀缩，从而产生应力。绕组受到的热应力不仅与温度变化量有关，还受初始温度的影响。这是由于热应力随着约束程度的增大而增大，同时绕组材料的线膨胀系数、弹性模量、泊松比随温度变化而变化。交变的热应力会导致绕组塑性形变的累积。

（二）绝缘材料

绝缘纸和绝缘纸板受温度、湿度、氧气以及变压器油中分解的劣化物质的作用引起绝缘老化，逐渐失去机械强度和电气强度，极容易发生绝缘损坏而导致变压器故障。因此，绝缘老化的速度越快，变压器的使用寿命就越短。

绝缘老化的速度主要由温度决定。油浸式变压器为 A 级绝缘，变压器温度在 80～140℃之间时，绝缘寿命 E 和最高点温度 θ 之间的关系为

$$E = Ae^{-p\theta} \tag{2-31}$$

式中　A——常数；

$\qquad$ p——常数（1/℃）。

经研究表明，绝缘老化遵循"六度原则"，即温度每升高 6℃，绝缘寿命就缩短一半。根据计算可得到绝缘的相对使用寿命与最高点温度之间的关系。

绝缘老化的检验方法如下。

依据 DL/T 984—2018《油浸式变压器绝缘老化判断导则》之规定，纸绝缘寿命的判据，主要取决于机械性能。通过测试变压器中纸绝缘的聚合度和油中溶解的糠醛及 CO、CO_2，等有特征性的老化产物含量，可综合判断变压器纸绝缘的老化状态。

（1）纸绝缘的聚合度。聚合度是指一个纤维素分子中所包含的 D-葡萄糖单体的数量。组成每个纤维素分子的 D-葡萄糖单体的数量是不同的，所测得绝缘纸（板）黏均聚合度，代表该样品纤维素分子聚合度的平均水平。

大型变压器所使用的新纸绝缘的聚合度一般为 1000～1200。聚合度同纸的抗张强度有相关性，因此测试样品的聚合度可以判断变压器整体老化程度。纸绝缘的抗张强度随着聚合度的下降而显著下降，当聚合度降至 250 时，抗张强度已低于 50%，纸绝缘已深度老化。当聚合度降至 150 时，纸绝缘完全丧失机械强度。测试纸绝缘的聚合度对样品无尺寸、形状等严格要求，应在变压器放油后采集。

但聚合度仅表示直接取到纸样的故障部位的老化情况。对于局部加速老化缺陷，若未取到该区域样本则无法发现。故为了准确判断设备状况，应从多个部位取样（加以标明）。

（2）油中糠醛含量测试。糠醛（2-呋喃甲醛）是呋喃 2 位上的氢原子被醛基取代的衍生物，绝缘纸（板）劣化的主要特征产物之一。油中糠醛质量浓度的增加在某种程度上反映了纸绝缘的聚合度下降，测试油中糠醛的含量，可以反映变压器纸绝缘的老化情况。合格的新变压器油中糠醛含量应不大于 0.05mg/kg。

（3）油中溶解气体分析（CO 和 CO_2）。纸绝缘的正常老化与故障情况下的裂解均可产生 CO 和 CO_2，两种情况下油中溶解的 CO 和 CO_2，含量没有严格的界限，规律也不明显。此外，从空气中吸收的 CO_2，及油的长期氧化形成的 CO 和 CO_2，也会影响油中溶解的 CO 和 CO_2 含量。

从变压器运行过程的产气速率来观察，油中溶解的 CO 和 CO_2，含量能够在一定程度上区分变压器纸绝缘的正常老化和故障情况下的裂解。正常运行的变压器在投运前期，油中溶解的 CO 和 CO_2，特别是 CO 产气率是比较高的，然后逐年下降；多年运行后，其含

量的增长曲线渐趋饱和。当绝缘发生局部或大面积的深度老化时，油中溶解的 CO 和 CO_2，产气速率就会剧增。当涉及固体绝缘老化时，CO_2/CO 含量的比值一般大于 7。

依据 DL/T 573—2021《电力变压器检修导则》绝缘老化状态分如下四级。

1）良好绝缘状态。又称一级绝缘，绝缘有弹性，用手指按压后无残留变形，或聚合度在 750 以上。

2）合格绝缘状态。又称二级绝缘，绝缘稍有弹性，用手指按压后无裂纹、脆化，或聚合度在 750～500 之间。

3）可用绝缘状态。又称三级绝缘，绝缘轻度脆化，呈深褐色，用手指按压时有少量裂纹和变形，或聚合度在 500～250 之间。

4）不可用绝缘状态。又称四级绝缘，绝缘已严重脆化，呈黑褐色，用手指按压时即酥脆、变形、脱落，或聚合度在 250 以下。

（三）变压器油

对于油浸式变压器而言，变压器油是最主要的绝缘材料。在短路热效应的影响下，变压器油的化学特性、物理特性和电气特性都会发生改变。GB/T 7595—2017《运行中变压器油质量》中有相关的规定。

1. 化学特性

变压器油是碳氢化合物，在存储和使用的过程中，会溶解一定的氧气。当发生短路冲击时，变压器油的温度升高，氧气会与其他化合物发生氧化反应产生各种含氧化合物。当氧气含量高时，会产生氧化胶质和油泥。氧化物会使变压器油的界面张力下降，酸值和介质损耗系数升高，电阻率和击穿电压下降，散热性能降低。同时，变压器油的温度越高，其吸水能力就越强。这些化学特性随着短路冲击的次数不断累积，最终会改变变压器油的电气性能，导致出现故障。

2. 物理特性

变压器油中随着温度的升高产生的老化物质也不断增加，导致界面张力越来越低。界面张力表示油和水之间界面的强度，从极性物质的多少来反映了变压器油的优劣和老化程度。

3. 电气特性

（1）击穿电压。结合化学特性的分析，短路冲击会导致变压器油中含水量、杂质增加。而变压器油的耐电强度会随着含水量的增加而降低；杂质的增加会改变变压器油中的电场均匀度，使击穿电压降低。

（2）介质损耗因数（$\tan\delta$）。介质损耗因数是评判变压器油的重要参数，它取决于油中的离子含量。当杂质增加时，介质损耗角正切就会增加。从整体上看，随着短路冲击的次数不断累积，$\tan\delta$ 的值会不断增大。运行中变压器油质量标准（部分）见表 2-5。

表2-5　　　　　　　　　　　运行中变压器油质量标准（部分）

序号	检测项目	设备电压等级（kV）	质量指标	
			投入运行前	运行中
1	酸值（以 KOH 计）（mg/g）		≤0.03	≤0.10
2	水分（mg/L）	330～1000	≤10	≤15
		220	≤15	≤25
		≤110 及以下	≤20	≤35
3	界面张力（25℃）（mN/m）		≥35	≥25
4	介质损耗因数（90℃）	500～1000	≤0.005	≤0.020
		≤330	≤0.010	≤0.040
5	击穿电压（kV）	750～1000	≥70	≥65
		500	≥65	≥55
		330	≥55	≥50
		66～220	≥45	≥40
		35 及以下	≥40	≥35
6	油泥与沉淀物（质量分数）（%）		—	≤0.02

综上所述，变压器短路冲击的热效应累积存在多方面的因素，但是由于变压器短路冲击电流作用的时间很短，热效应的累积过程较缓慢。

二、短路力效应累积

（一）绕组

1. 导线

发生短路冲击时，导线受到短路电动力的作用而发生一定的形变，如果形变的程度超出导线的屈服极限时，部分形变不会随着电动力的消失而恢复，产生了塑性变形[6]。当随着短路冲击次数的增加时，导线会在上一次的塑性形变基础上进行形变的累积，使绕组产生明显的弯曲、拉长或破裂等，最终导致变压器发生故障。

（1）辐向失稳。在辐向压缩短路电动力的作用下，沿线饼辐向的所有导线是同时损坏的，因此根据弹性稳定性理论，由矩形断面圆拱稳定性的极限负荷公式，可得承受辐向压缩电动力作用的绕组平均直径处导线上的极限视在压缩应力的值为

$$\sigma = \frac{1}{12} E n^2 \left(\frac{b}{D}\right)^2 \tag{2-32}$$

式中　E ——铜导线的弹性模量；

　　　n ——沿绕组内径的撑条数量；

b——单根导线的辐向宽度；

D——绕组的平均直径。

（2）轴向失稳。绕组的轴向失稳一般跟轴线预压紧力的大小、绝缘垫块的非线性应力-应变特性有关。根据弹性理论，线饼的静态轴向失稳临界短路力的计算为

$$F = \frac{ZmBE_{dk}b^2}{6h} + \frac{\pi mEbh^2}{6R_p}$$ （2-33）

式中 Z——沿线饼圆周的垫块总数；

m——沿线饼辐向的导线根数；

B——垫块宽度；

E_{dk}——垫块的弹性模量；

b——单根导线的辐向宽度；

h——单根导线的轴向高度；

E——铜导线的弹性模量；

R_p——线饼的平均半径。

2. 绝缘纸

短路冲击会使绝缘纸受到力的作用而发生机械强度的改变，当受到的电动力足够大时，绝缘纸可能会直接破裂，造成不可逆的损伤，使绝缘强度降低，甚至导致绝缘击穿。

3. 垫块

垫块由纤维纸板制成，在短路冲击的作用力下会发生塑性形变。垫块变形使垫块的尺寸、厚度都发生了改变，从而使轴向预压紧力降低，导致轴向失稳，更严重的情况是轴向预压紧力的降低会使绕组的固有频率与轴向动态短路电动力的频率相接近，发生谐振。

（二）结构件

1. 铁心拉板

铁心拉板的主要作用除了夹紧心柱叠片以外，还用来承担绕组的轴向夹紧力、器身的起吊力和绕组轴向短路电磁力的作用[7]。

当变压器受到短路冲击时，每块拉板所受的短路轴向作用力为

$$F_s = \frac{1}{2}F_{ax-max} + \frac{1}{4}p$$ （2-34）

式中 F_{ax-max}——每相绕组的最大短路轴向电磁力；

p——每相绕组的轴向压紧力。

$$p = \sum (p_i n_i B_i A_i)$$ （2-35）

式中 p_i——各绕组辐向垫块单位面积上的轴向压紧力；

n_i——各绕组辐向垫块数量，一般情况下等于绕组的轴向撑条数；

B_i ——各绕组辐向垫块宽度；

A_i ——各绕组线饼的辐向尺寸。

如果铁心拉板所受的短路轴向力大于绕组的轴向压紧力，会使绕组线饼松动。多次短路冲击加重了绕组线饼松动的程度，最终导致绕组无法正常工作，甚至造成变压器故障事故。

2. 铁轭夹件

常用的铁轭夹件一般采用 L 形板式结构。通常情况下，为了使铁心能够充分填充，且不会产生足够大的磁致伸缩振动和噪声，在生产装配时，要求铁轭最大级叠片的压紧力保持一定值。

当发生短路冲击时，每个压钉所受的力 F_1 为

$$F_1 = \frac{F_{\text{ax-max}} + \frac{1}{2}p}{N} \tag{2-36}$$

式中　p ——轴向压紧力；

N ——每相绕组压钉的总数量。

对于三相三柱式结构而言，当变压器发生三相短路时，中间相的短路力达到最大值 F_{max}，此时两边相的短路力为 $F_{\text{max}}/4$，夹件的压紧力为（取 $N=6$）

$$F_1' = \frac{\frac{F_{\text{max}}}{4} + \frac{p}{2}}{6}, F_2' = \frac{F_{\text{max}} + \frac{p}{2}}{6} \tag{2-37}$$

可以看出，夹件的夹紧力都与短路轴向力有关系。夹件基本都采用金属材料，在受到短路冲击时会累积塑性形变，最终导致机械强度改变。

3. 压板、托板

对于器身上部压板及下部托板的受力分析，主要考虑绕组的轴向压紧力和绕组短路轴向力的作用。

压紧绕组的器身压钉的作用力分布圆直径为

$$d_{\text{e}} = \frac{\sum p_i d_i}{\sum p_i} \tag{2-38}$$

式中　p_i ——每个心柱上各绕组的轴向压紧力；

d_i ——每个心柱上各绕组的平均直径。

当受到短路冲击时，短路轴向力与短路时绕组轴向压紧力共同作用于器身压板的、沿直径为 d_{e} 圆周分布的线负荷为

$$q_1 = \frac{F_{\text{ax-max}} + 0.5\sum p_i}{\pi d_{\text{e}}} \tag{2-39}$$

假设压钉均匀分布，则两压钉之间的一段压板的弯曲应力发生值为

$$\sigma_1 = \frac{\dfrac{q_1 l^2}{12}}{\dfrac{bt^2}{6}}$$ （2-40）

式中　l——两个相邻钉中心之间沿直径为 d_e 圆周的最大圆弧距离；

　　　b——压板辐向尺寸；

　　　t——压板厚度。

对于压板而言，在变压器发生短路时一定会受到相应的轴向短路冲击力，使压板、压钉产生松动。每次短路时的机械松动累积，使整个压紧结构发生一定的改变，造成绕组结构失稳。

托板的受力与压板类似，但托板还受到绕组重力的作用。当托板发生塑性形变时，会导致整个绕组向下移位，最终造成绕组的结构失稳。

短路冲击的力效应累积实际上可以看作是材料的塑性形变的不断积累。但实际上，在每一次短路冲击之后，由于结构的改变，再次发生短路冲击时其所受的应力与上一次也完全不同，目前大多是基于理论分析的算法。

本　章　小　结

本章主要讲了变压器遭受短路冲击时的一些计算分析以及短路冲击的累积效应。由于绕组在遭受短路冲击后内部的结构和绝缘特性都会发生一定的改变，目前只能做基于理论情况的定性分析。绕组的抗短路能力是决定其是否会发生故障的重要因素，因此，在未来的研究中还需继续探索拟合的计算模型，寻求对短路冲击更加精确的分析方法。

第3章

电力变压器绕组变形检测技术

随着电网容量的增大，因绕组变形造成的变压器故障事故呈上升趋势，严重威胁着系统的安全运行。《防止电力生产重大事故的二十五项重点要求》（国能发安全〔2023〕22号）中，明确把绕组变形试验列入变压器出厂、交接和发生短路事故后的必试项目。经过国内外的大量研究，形成了几种较为成熟的离线检测方法，在线监测技术也有了一定的发展。

第一节　离 线 检 测 技 术

在较高频率的电压作用下，可将变压器绕组视作一个由线性电阻、电感（互感）、电容等分布参数组成的无源线性双口网络，等效电路如图3-1所示。

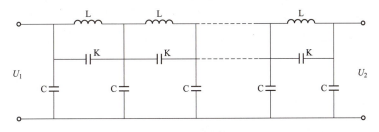

图3-1　变压器绕组的等效电路

L、K、C—绕组单位长度的分布电感、分布电容以及对地分布电容，U_1、U_2—等效网络的激励端电压和响应端电压

一、低压脉冲法

（一）测试原理

低压脉冲法（Low Voltage Impulse，LVI）最早是在1966年由波兰的Lech和Tyminski

提出[8]，用来确定变压器是否通过短路试验，现已被列入 IEC 及 IEEE 电力变压器短路试验导则和测试标准，通过比较短路试验前后的 LVI 波形图，来确定变压器在短路之后可能出现的绕组变形，确定被试变压器是否需要进行解体检查。

低压脉冲法的基本原理是在变压器绕组的一端施加稳定的低压脉冲信号，同时记录该端子和其他端子的电压波形，在时域中对激励与响应做比较，对绕组的状态进行判断。当变压器的绕组发生变形时，等效电路中的各个单元内的分布参数（L、K、C）都会发生变化。在输入端施加脉冲电压激励时，将引起输出端响应的变化。

（二）脉冲源的选择

低压脉冲法中最重要的就是脉冲波形的选择。选择具有合适上升沿和脉宽的脉冲波形，对变压器绕组变形故障检测的测试结果十分重要。对绕组变形故障灵敏度较好的脉冲波形，有助于进行进一步的数据结果处理和故障分析[9]。

研究表明，脉冲的波前主要影响高次谐波的幅值，脉宽主要影响低频谐波的幅值。

（1）脉冲的波前较缓，会使信号中高次谐波的幅度过小，无法满足测试频率范围的要求；波前较陡，系统容易受到干扰。

（2）脉冲的脉宽较大，会使信号中低频分量过大，不易检测到高次谐波；脉宽较小，可能会使响应信号幅值减小，造成测量误差。

经过理论分析、仿真计算和实际测试后，研究认为上升沿在 250ns 左右，半脉宽在 2.5μs 左右的双指数脉冲对于检测变压器绕组变形很合适。

后续又有人在此研究基础上，提出用毫微秒脉冲法检测变压器的绕组变形，选取了具有代表性的 6 个脉宽参数和 7 个波前参数进行仿真计算，最终选取脉冲前沿为 5ns 30%、脉冲宽度（在 50Ω）为 50ns 30%的脉冲作为信号源，试验结果表明毫微秒低压脉冲法能够较好地反映变压器绕组变形的情况，且其在 0～80MHz 范围内可重复性较好[10]。

（三）影响因素

1. 接地方式

接地方式分为变压器接线端接地、测量端接地、两端接地三种。接地方式的不同对脉冲法测得的响应波形有很大的影响[11]。研究表明，测试系统的接地端是有地电位的，当含有高次谐波的电流流过时，会形成很高的衰减振荡点位，对测试系统造成接地干扰。此外，测量电缆外皮电流也会造成干扰。

因此，为保证测试结果的可重复性，在每次测试接线时，应选择相同的接地方式，最优是选择电缆屏蔽层两端接地的方式。

2. 脉冲源的分散性

脉冲源的分散性会导致输出脉冲波形参数发生变化，进而影响到响应信号的频谱变化。因此在测试时必须保证脉冲源的分散性尽可能小。

3. 引线的长短及位置

由于脉冲信号包含高频成分，引线的长短和位置可能会对测试结果造成影响。为避免不必要的分散性，每次测试尽量使用相同长度、相同型号的引线及基本一致的布置。

4. 测试现场周围物体的邻近效应

测试时周围物体的悬浮电极会对测试结果产生一定的影响，因此在测试时需注意周围环境。由于受测试环境影响较大，LVI 法一般用于干扰较少的试验室或生产厂房内，用于对比短路冲击、温升、负载等大电流试验前后绕组是否发生变形，在现场，试验周期往往以年为单位，两次测试间设备、测试条件等改变较大，LVI 法的重复性往往较差。

（四）LVI 法的发展改进

在早期，受当时技术条件的约束，低压脉冲法的发展受到了很大的限制。传统的低压脉冲法使用示波器来记录变压器绕组的脉冲响应波形，并且从时域响应波形的变化来判断变压器绕组变形的程度。但是随着计算机技术、数字测量技术、数字信号处理技术的不断发展和创新，现在可以将脉冲响应信号以数字信号的形式记录下来，并利用计算机对其进行滤波处理、频谱分析、相关性分析、传递函数分析等。这些处理方法和分析手段可以有效地提取脉冲响应信号的特征，从而对变压器绕组是否变形以及变形的程度做出更准确的判断。

1. 信号处理

利用小波分析法对低压脉冲法的测量结果进行处理[12-13]，可以将信号分解成位于不同频带和时间端内的成分，在分离结果中剔除干扰，引入小波分解的模极大值和距离作为特征量，有助于解决 LVI 法测量重复性差的问题。同时，可以利用小波分解的特征量，来确定绕组变形的故障类型。

2. 脉冲源的选择

（1）将稳定的低压脉冲信号改为纳秒级脉冲进行测试[14]，有助于提高测量的重复性和准确性，可以扩展测试脉冲的频谱。

（2）利用变压器高压侧开关切换时产生的暂态信号作为输入信号，可进行在线监测，获取更真实且详细的测量数据。

二、频率响应分析法

（一）测试原理

频率响应分析法（Frequency Response Analysis，FRA）最早由加拿大的 E.P.Dick 和 C.C.Erven 提出[15]，它与低压脉冲法对于变压器绕组检测的理论是相同的，但它克服了低压脉冲法的一些缺点，获得了比较广泛的应用。

如图 3-1 所示，变压器绕组在电压频率大于 1kHz 时可视为一个由电阻、电容和电感等分布参数构成的无源双端口网络。该网络的内部特性可通过传递函数 $H(j\omega)$ 进行描述，将输入激励与输出响应建立函数关系，得到反映变压器绕组特性的传递函数特性曲线。变压器制成以后，其内部结构确定，其频谱特性也将随之确定。当绕组发生形变时，必然改变网络内部的电阻、电容和电感等分布参数，从而使网络的频率响应特征发生变化。因此，通过比较绕组不同时期的频谱曲线可以分析绕组变形程度。

频率响应法的测试原理如图 3-2 所示，将一稳定的正弦扫频信号施加于被试变压器绕组的一端，连续改变此正弦波激励源的频率，并记录该端子和其他端子上的电压幅值及相位，从而得到被试绕组的一组频率响应特征。

图 3-2　频率响应法的测试原理

则变压器的传递函数 $H(f)$ 为

$$H(f) = 20\log[U_o(f)/U_i(f)] \tag{3-1}$$

式中　　$H(f)$ ——频率为 f 时传递函数的模 $|H(j\omega)|$；

$U_o(f)$、$U_i(f)$ ——频率为 f 时响应端和激励端电压的峰值或有效值 $|U_o(j\omega)|$、$|U_i(j\omega)|$。

有学者通过在模型变压器上模拟不同大小及位置的变形，对低压脉冲法和频率响应分析法的特点和适用场合进行了研究[16]。

1. 测试结果的可重复性

FRΛ 法的重复性比较好，可用于系统中运行的变压器绕组的变形检测；而 LVI 法在测试间隔时间较长时重复性不好。

2. 测试方法对故障位置的灵敏度

LVI 法和 FRA 法对变压器绕组激励段的故障都不灵敏，特别是饼间故障。绕组对地变形引起的频率响应曲线变化的频段范围比较宽，但饼间变形引起的频段变化范围相对而言很小。

（二）频率响应曲线

频率响应数据是通过测试各个频率下绕组的幅频响应取得的，因此频率响应数据是一个由频率及其响应值组成的二维数组。典型的变压器绕组幅频响应特性曲线，通常包含多个明显的波峰和波谷，波峰或波谷分布位置及分布数量的变化是分析变压器绕组变形的重要依据，如图 3-3 所示。

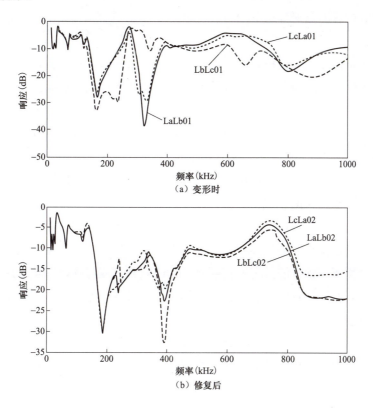

（a）变形时

（b）修复后

图 3-3 典型的变压器绕组幅频响应特性曲线

幅频响应特性曲线低频段（1～100kHz）的波峰或波谷位置发生明显变化，通常预示着绕组的电感改变，可能存在匝间或饼间短路的情况。频率较低时，绕组的对地电容及饼间电容所形成的容抗较大，而感抗较小，如果绕组的电感发生变化，会导致其频响特性曲线低频部分的波峰或波谷位置发生明显移动。

幅频响应特性曲线中频段（100～600kHz）的波峰或波谷位置发生明显变化，通常预示着绕组发生扭曲和鼓包等局部变形现象。在该频率范围内的幅频响应特性曲线具有较多的波峰和波谷，能够灵敏地反映出绕组分布电感、电容的变化。

幅频响应特性曲线高频段（>600kHz）的波峰或波谷位置发生明显变化，通常预示着绕组的对地电容改变，可能存在绕圈整体移位或引线位移等情况。频率较高时，绕组的感抗较大，容抗较小，由于绕组的饼间电容远大于对地电容，波峰和波谷分布位置主要以对地电容的影响为主。但由于该频段易受测试引线的影响，且该类变形现象通常在中频段也会有较明显的反应，故一般可不把高频段测试数据作为绕组变形分析的主要信息。

（三）数据分析

频率响应分析法的数据分析分为以下几种：

1. 经验判断法

经验判断法是指专业人员根据已有经验，结合绕组的幅频响应特性进行纵向或横向比较，并综合考虑变压器遭受短路冲击的情况、变压器结构、电气试验及油中溶解气体分析等因素。

（1）纵向比较法。纵向比较法是指对同一台变压器、同一绕组、同一分接开关位置、不同时期的幅频响应特性进行比较，根据幅频响应特性的变化判断变压器的绕组变形。该方法具有较高的检测灵敏度和判断准确性，但需要预先获得变压器原始的幅频响应特性，并应排除因检测条件及检测方式变化所造成的影响。

（2）横向比较法。横向比较法是指对变压器同一电压等级的三相绕组幅频响应特性进行比较，必要时借鉴同一制造厂在同一时期制造的同型号变压器的幅频响应特性，来判断变压器绕组是否变形。该方法不需要变压器原始的幅频响应特性，现场应用较为方便，但应排除变压器的三相绕组发生相似程度的变形或者正常变压器三相绕组的幅频响应特性本身存在差异的可能性。

（3）综合分析法。综合分析法主要是对该变压器的三相频率响应指纹进行横向和纵向比较，根据三相频率响应指纹的差异做出判断。

2. 相关系数法

相关系数法可以定量地描述两条频率响应曲线之间的相似程度，比较直观地反映变压器绕组幅频响应特性的变化。

设有两个长度为 N 的传递函数幅度序列 $X(k)$、$Y(k)$，$k = 0,1,\cdots,N-1$，且 $X(k)$、$Y(k)$ 为实数，相关系数 R 可按照下列公式计算。

（1）计算两个序列的标准方差为

$$D_x = \frac{1}{N} \sum_{k=0}^{N-1} \left[X(k) - \frac{1}{N} \sum_{k=0}^{N-1} X(k) \right]^2 \tag{3-2}$$

$$D_y = \frac{1}{N} \sum_{k=0}^{N-1} \left[Y(k) - \frac{1}{N} \sum_{k=0}^{N-1} Y(k) \right]^2 \tag{3-3}$$

（2）计算两个序列的协方差为

$$C_{xy} = \frac{1}{N} \sum_{k=0}^{N-1} \left[X(k) - \frac{1}{N} \sum_{k=0}^{N-1} X(k) \right] \times \left[Y(k) - \frac{1}{N} \sum_{k=0}^{N-1} Y(k) \right] \tag{3-4}$$

（3）计算两个序列的归一化协方差为

$$LR_{xy} = C_{xy} / \sqrt{D_x D_y} \tag{3-5}$$

（4）按下式计算出符合工程需要的相关系数 R_{xy}，即

$$R_{xy} = \begin{cases} 10 & 1 - LR_{xy} < 10^{-10} \\ -\lg(1 - LR_{xy}) & \text{其他} \end{cases} \tag{3-6}$$

根据表 3-1 判断变压器绕组的变形程度

表 3-1　　　　　　　　相关系数与变压器绕组变形程度的关系

绕组变形程度	相关系数 R
严重变形	$R_{LF} < 0.6$
明显变形	$1.0 > R_{LF} \geq 0.6$ 或 $R_{MF} < 0.6$
轻度变形	$2.0 > R_{LF} \geq 1.0$ 或 $1.0 > R_{MF} \geq 0.6$
正常绕组	$R_{LF} \geq 2.0$ 和 $R_{MF} \geq 1.0$ 和 $R_{HF} \geq 0.6$

注　在用于横向比较法时，被测变压器三相绕组的初始频率响应数据应较为一致，否则判断无效。

R_{LF} 为曲线在低频段（1～100kHz）内的相关系数；

R_{MF} 为曲线在中频段（100～600kHz）内的相关系数；

R_{HF} 为曲线在高频段（600～1000kHz）内的相关系数。

3. 差值法

差值法通过计算均方根差来描述频率响应曲线的变化。研究表明，差值法不仅能灵敏地反映绕组的多种变形情况，还可以从不同角度来探究变形的具体模式[17]。

$$E_{12} = \sqrt{\frac{(V_{11} - V_{21})^2 + (V_{12} - V_{22})^2 + \cdots + (V_{1n} - V_{2n})^2}{n}} \tag{3-7}$$

式中　E_{12}——频率响应曲线 1 和 2 之间的均方根差；

　　　V_{1n}——频率响应曲线 1 位于采样点 n 处的幅值；

　　　V_{2n}——频率响应曲线 2 位于采样点 n 处的幅值；

　　　n——采样点个数。

对于差值法的计算结果，可根据表 3-2 判断绕组变形的程度。

表 3-2　　　　　　　　绕组变形水平衡量建议值表　　　　　　　　　　dB

绕组情况	正常	中度变形	严重变形
差值	$E_{12} < 3.5$	$3.5 < E_{12} < 7.0$	$E_{12} > 7.0$

（四）影响因素

频率响应分析法在测试过程中，容易受到以下因素的影响[18-19]：

1. 变压器套管相连母线对地电容的影响

变压器套管相连母线的对地电容是不固定的，在进行相间测试时会影响测试结果的重复性。因此，在测试时，变压器应完全与电网隔离，最好拆除所有与变压器套管相连的母线并使之与测试点保持足够的距离以降低杂散电容的影响。

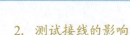

2. 测试接线的影响

测试接线会影响频率响应信号的输入和输出，因此，测试时应使用专用的带屏蔽测试接线，且应远离变压器套管，接地线连接良好。测试线和接地线的连接处如未能良好接触金属导体，会在测试回路中串联一个不稳定的阻抗，导致测试时波形产生明显的毛刺。

3. 分接位置的影响

分接位置应放在最高分接位置，以保证绕组的全部线匝均在被测试系统中。如果不能在最高分接位置处测量，则应记下实测中分接挡位的位置，保证下次测量该变压器时也保持在这一分接位置。

4. 测试环境的影响

频率响应测试现场会有各种电磁干扰，影响测试结果的准确性；同时，周围接地体和金属悬浮物应远离变压器出口端子。

由于 FRA 本质上是测试电压，故各种电场和磁场干扰均会对输出电压造成明显影响，包括直流试验后放电不充分绕组内有残余电荷，铁心中有剩磁，油流产生的静电电荷，外部电磁场与变压器外壳、测试端子的空间耦合干扰，地网中电流流经主变压器外壳、测试仪接地系统等造成干扰。

为排除测试环境干扰，要求测试系统的接地一般在主变压器铁心引出线处单点接地，且测试过程中固定不动，测试前对主变压器进行充分放电和消磁，测试过程中尽量不要开启风机、潜油泵等。

三、低电压短路阻抗法

（一）基本原理

短路阻抗定义见第二章第一节一、（二）所描述。绕组对的漏抗表征了该绕组对所产生的漏磁场具有的能量，对某一侧绕组的输入端子所表现出的集中电抗参数[20]。该参数与漏磁场在绕组区域的物理尺寸密切相关，当主变压器被制造出来后，该参数即确定。当绕组变形时，其漏磁区域的尺寸发生变化，则漏磁场能量发生变化，对外表现为短路阻抗变化。通过试验测得短路阻抗，理论上可以反映绕组变形的状况。实际测试中，受现场条件所限，往往采用低电压短路阻抗测试的方法进行测试，下面说明低电压下短路阻抗的准确性。

对于主变压器内部磁场存在如下关系式。

（1）安培环路定理：磁场强度 H 沿封闭曲线 l 的积分等于穿过该曲线所围的曲面电流的和（积分），即 $\oint_l H dl = nI$ 。

（2）高斯磁定理：磁场的散度为 0，穿过任意封闭曲面的磁感应强度沿该曲面的积分恒等于 0。即 $\oiint_s B dS = 0$ 。

（3）介质内磁感应强度和磁场强度的关系式：$B = \mu H$ 。

由上述 3 式可知，可以将磁路与电路类似，H 类比于 E，nI 称为磁动势，磁通类比于电流，磁导率类比于电导率，可以将主变压器内部视为磁流场进行分析。其中，H 为磁场强度，l 为闭合曲线长度，I 为通电导线电流，n 为线圈匝数，B 为磁感应强度，S 为闭合曲线截面积，μ 为磁导率。漏磁磁动势大部分存在于高、低压绕组间的漏磁宽度的空间上（工程设计上用洛氏系数 ρ 来描述该空间部分磁动势与总磁动势的比值，设 h 为绕组电抗高度，λ 为漏磁总宽度，则洛氏系数 ρ 的取值与 h 与 λ 的比值有关，当 h/λ 大于 3 时，ρ 大于 0.9，几乎所有的磁动势都落在高、低压绕组之间，以绕组电抗高度为高、漏磁总宽度为 λ 厚的空心圆柱体上）。磁通从高、低压绕组中间的空隙或绕组中流出，进入铁心、油、外壳等构成回路，磁路中必然串联有漏磁面积×绕组电抗高度这部分体积的磁阻，该部分由磁阻很高（铁心磁阻的 7000～10000 倍）的油、纸、铜等组成，回路的磁动势虽然很大（远大于励磁磁动势），但回路整体磁阻大，导致整体磁回路的磁通量和磁密很低，远远达不到磁路中各种物质的饱和点，故磁路总磁阻呈线性，基本不受短路阻抗试验中的电流大小的影响，因此低电压短路阻抗试验虽然电流很低，但依然具有很高的准确性，可以直接与出厂负载试验的短路阻抗值及其他测试电流下的测试值进行比较。

需要指出的是，通过短路阻抗判断变形是通过使用历次数据相互对比的手段判断是否存在变形，而由于不同测量方法可能会导致漏抗测试值的偏差，因此所比对的两次测试值应当尽量按同一测试方法进行。

（二）标准及测试方法

1. 测试标准

GB 50150《电气装置安装工程电气设备交接试验标准》、DL/T 596《电力设备预防性试验规程》、DL/T 393—2021《输变电设备状态检修试验规程》、Q/GDW 1168—2013《输变电设备状态检修试验规程》、DL/T 1093—2018《电力变压器绕组变形的电抗法检测判断导则》等一系列电网设备试验规程中，均对诊断主变压器绕组变形时进行短路阻抗试验做出了相关规定。其中 GB 50150、DL/T 596 和 Q/GDW 1168—2013 规定了工频 50Hz 情况下的短路阻抗试验，DL/T 393—2021 则引入了更新的试验方法——测试主变压器 10～1000Hz 的扫频短路阻抗曲线，这种试验方法比单纯 50Hz 试验包含的信息量更大，测得的阻抗已经不是单纯意义上的漏电抗了，高频部分包含了绕组间电容的信息，对诊断绕组变形更加有效。

在 DL/T 1093—2018《电力变压器绕组变形的电抗法检测判断导则》中，规定了电抗法测试绕组变形具体的实施方法和判断标准。

2. 测试方法

用短路阻抗判断主变压器是否存在绕组变形，最根本的参数是漏抗，大型变压器电阻分量很低，可以忽略不计。故在 DL/T 1093—2018 明确指出测量对象可以是短路阻抗、短路电抗、漏电感中的任意一个参数，而且为了进行精确诊断，应当测量出每一相的参数。

　　测试时应在主变压器的一个绕组的线端施加额定频率的正弦波形电压，另一个绕组短路，测试回路中的电流、有功功率，进而得到阻抗、电阻、电抗等数据。由于高压侧的阻抗值更大，为了增加测量精度，加压端通常选择为电压较高的一侧。

　　短路阻抗测试可以采用三相电源加压或单相电源加压，其中单相电源加压时根据绕组漏磁通的磁路不同又分为单相测试和相间测试，典型接线图如下。

　　（1）Y 形侧，三相电源加压。三相电源加压接线方式如图 3-4 所示。

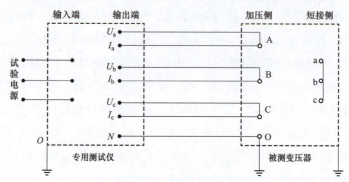

图 3-4　三相电源加压接线方式

　　（2）Y 形侧，单相电源单相测试。单相电源单相测试接线方式如图 3-5 所示。

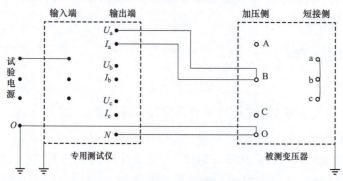

图 3-5　单相电源单相测试接线方式

　　（3）Y 形侧，单相电源相间测试。单相电源相间测试接线方式如图 3-6 所示。

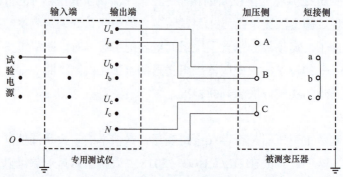

图 3-6　单相电源相间测试接线方式

根据现场经验，三相法测试、单相电源相间法测试的结果基本相同，单相电源单相测试结果则与前两种存在一定差异。原因分析如下。

进行洛氏系数计算时，是没有考虑铁轭遮挡的，当有铁轭后，漏磁通会经由铁轭进入铁心构成回路，而对于整体磁路铁轭及铁心的磁阻很小，磁压降很小，会造成被遮挡部分的磁动势向绕组电抗高度内集中，从而使整体的磁通增大，使漏抗增大，中间相两侧均有遮挡，边相只有一侧有遮挡，故一般测试中三柱式变压器中间相比两个边相略大一些，但很多大型变压器采用三相五柱式铁心结构，此时两个边相也是两侧都存在遮挡，故三相五柱主变压器测试中不存在这种现象。

同时三相绕组之间必然存在部分漏磁通会通过铁心、空气交汇在一起，这部分磁通的磁路会较单相加压时短一些，故三相加压时测得的阻抗往往比单相加压时要略大，而相间加压时相邻绕组间的磁通也会交汇，故也比较接近三相加压。图 3-7 所示为常见的三相三柱铁心主变压器结构示意图。

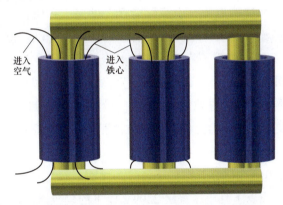

图 3-7　三相三柱铁心主变压器结构示意图

以上两个因素叠加后，使得实际短路阻抗测试中三相变压器单相测试值与三相或相间法测试值存在较大差异，可能会大到影响结果判断的程度，故为了得到正确的诊断结论，必须保证两次测试的方法相同。

（4）D 形侧，单相电源相间测试。单相电源相间测试接线方式如图 3-8 所示。

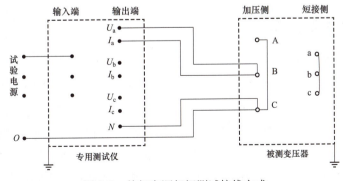

图 3-8　单相电源相间测试接线方式

（5）D 形侧，单相电源相间测试。单相电源单相测试接线方式如图 3-9 所示。

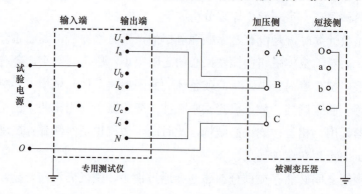

图 3-9　单相电源单相测试接线方式

D 形侧加压时，规程未采用三相加压方式，分析原因为三相加压时，测得的电压和电流与实际短路阻抗上所加的电压、电流可能存在偏差：在阻抗不对称时，三角形绕组内可能存在环流，且环流对电压、电流造成的影响在外部无法检测，导致测试结果与实际值存在偏差。故 D 形加压推荐了两种单相电源测试方法，相间测试为两相阻抗并联，单相测试为直接测单相阻抗，由于漏磁磁路的差别，导致两者的实际测试值可能存在偏差。

综上，接线方法不同可能会导致测试结果的偏差，但无论哪种接线方法，对比才是测试的目的，因此，只要保证与被对比值的测试方法相同，则测试就是有效的。

3. 判断标准

参考 DL/T 1093—2018 中判断标准如下。

（1）容量 100MVA 及以下且电压等级 220kV 以下的变压器，初值差不超过 ±2%。

（2）容量 100MVA 以上或电压等级 220kV 以上的变压器，初值差不超过 ±1.6%。

（3）容量 100MVA 及以下且电压等级 220kV 以下的变压器三相之间的最大相对互差不应大于 2.5%。

（4）容量 100MVA 以上或电压等级 220kV 以上的变压器三相之间的最大相对互差不应大于 2%。

（三）影响因素及注意事项

1. 测试电源的影响

漏抗 $\dot{X}_s = j\omega L_s$，漏电感 L_s 为固定值，故频率改变时，漏抗会发生较大变化，影响结果判断，故测试中需要使用工频 50Hz 的电源进行测试，当频率变化时进行频率换算即可获得正确的测试值。同时电压中的谐波（电压波形的畸变）也会明显影响测试结果，规程中要求，试验电源为 380/220V、50Hz 的电源，测试电源的电能质量符合国家标准：电压总谐波畸变率不大 5.0%，其中奇次谐波不大于 4%，偶次谐波不大于 2.0%；频率偏差不大于

±0.5Hz；三相电压不平衡度不大于2%。

2. 电阻分量的影响

（1）电阻分量表征了短路阻抗试验时的有功功率，有功功率受到温度影响较大，对于大型变压器电阻分量较小，一般可以忽略不计，故可以不进行有功的温度换算，但对于小型变压器，电阻分量往往较大，需要对测得的有功功率进行温度换算。

（2）测试引线本身也存在电阻，若电压和电流测试线没有分开，会将测试线本身的电阻串联到测试结果之中，影响判断，故测试时电压测试线和电流测试线必须独立。

（3）低压侧短接电阻的影响。短路阻抗试验时需要手动将低压侧短路，短接线以及与接线桩头的接触点均会存在电阻，这部分电阻换算到高压侧会乘以匝数比 k^2，以220kV变压器为例，10kV侧短接时（Yd），低压侧 0.1Ω 的电阻，换算到高压侧是 16.1Ω，会严重影响结果，故规程规定短接侧短接线及其接触电阻的总阻抗不得大于被测绕组对短路侧等值阻抗的0.1%，这其实是非常严苛的，以220kV主变压器为例，其阻抗假设为 100Ω，换算到低压侧，附加电阻不能超过 $620\mu\Omega$。

3. 测试误差的影响

测试仪器的各种测量仪表精度会直接影响测量结果，故规程对测试仪器精度也作出了相应的要求。同时测试电流太小，测量误差也会增大，故要求测试电流不宜小于5A。

4. 测试结果的换算错误

测试得到的是电压、电流，需要经过换算才能得到阻抗值，在实际工作中，换算错误可能导致误判。对测试中可能用到的换算进行说明。

（1）三相测试和单相测试。三相测试和单相测试时，分别测量每一相的相电压 U_p 和相电流 I_p，以及功率 P_p，则该相的短路阻抗 $Z = \dfrac{U_p}{I_p}$，电阻 $R = \dfrac{P_p}{I_p^2}$，电抗 $X = \sqrt{Z^2 - R^2}$，其中，U_p—短路阻抗测试时每一相的电压；I_p—短路阻抗测试时每一相的电流；P_p—短路阻抗测试时每一相的有功功率。

（2）相间测试。相间分别测试 AB、BC、CA 的电压 U_{AB}、U_{BC}、U_{CA}，电流 I_{AB}、I_{BC}、I_{CA}，功率 P_{AB}、P_{BC}、P_{CA}，根据电压、电流、功率数据，用公式分别求出 AB、BC、CA 相间的 R_{AB}、R_{BC}、R_{CA} 和 X_{AB}、X_{BC}、X_{CA}，则 $R_A = \dfrac{R_{AB} + R_{CA} - R_{BC}}{2}$、$R_B = \dfrac{R_{AB} + R_{BC} - R_{CA}}{2}$、$R_c = \dfrac{R_{CA} + R_{BC} - R_{AB}}{2}$，$X$ 与电阻类似，$Z = \sqrt{X^2 + R^2}$。其中，U_{AB}、U_{BC}、U_{CA}—相间法测试短路阻抗时在两个相端子 AB、BC、CA 间测得的电压；I_{AB}、I_{BC}、I_{CA}—相间法测试短路阻抗时在两个相端子 AB、BC、CA 间测得的电流；P_{AB}、P_{BC}、P_{CA}—相间法测试短路阻抗时在两个相端子 AB、BC、CA 间测得的有功功率；R_{AB}、R_{BC}、R_{CA}—相间法测试短路阻抗时在两个相端子 AB、BC、CA 间计算得到的等效电阻；X_{AB}、X_{BC}、X_{CA}—相间法测试短路阻抗时在两个相端子 AB、BC、CA 间计算得到的等效电抗。

（3）三绕组 T 形电路的计算。按 T 形电路，理论上获得了高—中、高—低、中—低的短路阻抗后，就可以计算出各支路的阻抗，但实际中一般不进行计算，原因在于计算得到的中压支路的阻抗值一般为 0 或则负数，不具有现实意义。

（4）阻抗和阻抗电压之间的换算。分析绕组是否存在变形使用的是阻抗值，但主变压器铭牌数据一般提供的是短路电压百分数 $u_k\%$，换算至阻抗的公式：$Z_m = u_k\% \times Z_{ref} = u_k\% \times \dfrac{U_N^2}{S_N}$，式中，$Z_m$ 为短路阻抗，$u_k\%$ 为短路电压百分比，Z_{ref} 为计算短路阻抗标幺值时的参考阻抗，U_N 为额定电压，S_N 为额定容量。

实际测试中会遇到三侧容量不一样的情况，某些厂家会严格按规程规定使用短接侧的容量 S_N 来计算铭牌上的阻抗电压，某些厂家则会统一按最大容量 S 来计算，在测试后与铭牌值进行比较时需要注意。

第二节 在线监测技术

一、短路阻抗法

（一）短路阻抗法在线监测理论基础

变压器的短路阻抗是变压器特性中最重要的技术参数之一，涉及变压器成本、效率及运行的重要技术指标。

变压器短路阻抗与绕组结构之间存在着数值关系，除小容量变压器之外，就一般变压器而言，电抗分量远大于阻抗分量。据查阅相关文献，只有变压器容量小于一定值时，《变压器设计原理》[2] 中认为 1000kVA 以下，《电力变压器手册》[6] 中认为 6300kVA 以下，才需要考虑电阻分量。变压器短路电抗与绕组尺寸与分布位置相关，若绕组出现整体位移、拉伸、压缩以及线圈断股、轴向扭曲、辐向变形等情况，绕组结构参数发生改变，变压器短路阻抗将随之改变，以上分析则为监测变压器绕组是否发生形变的物理基础。

因此，本小节介绍短路电抗计算方法，也就是漏电抗计算方法。一种思路是磁链法，通过积分直接获得高、低压绕组的磁链和，然后得到总的漏抗；另一种是通过漏磁场的总能量（漏磁场能量全部由高压绕组提供）计算出高压侧的漏磁场等效电抗，即漏抗[21]。

两种方法均有一些工程上的近似和假设。

（1）漏磁通为理想分布状态，即磁力线只在轴向分布；

（2）不考虑铁轭遮挡的影响，漏磁场在绕组电抗高度 h 上的磁压降与总的磁动势之比为一系数 ρ（工程上称为洛果夫斯基系数），该系数与 h 和漏磁通磁道宽度 λ 的比值有关，但当 h/λ 较大时，ρ 变化较小。该系数可以通过公式或查表获得。引入该系数后，加上条件

（1），磁感应强度的计算变得容易，即 $B = \mu_0 I W \rho / h$（所交链的磁动势/磁阻）。B 为感应强度，μ_0 为真空磁导率，I 为所交链绕组电流，W 为所交链绕组匝数，h 为绕组电抗高度。

（3）忽略励磁磁通的磁动势，高、低压绕组的磁动势相等，即 $I_1 W_1 = I_2 W_2$，I_1、I_2 为低压、高压绕组的电流，W_1、W_2 为低压、高压绕组匝数。

1. 磁链法

将漏磁场划分为 3 个区域，如图 3-10 所示。对于区域 2，假设存在一中性面 NN，左侧磁通与低压绕组交链，右侧与高压绕组交链。区域 2 磁通密度为

$$B_{\mathrm{m}} = \frac{\mu_0 I_2 W_2 \rho}{h} \tag{3-8}$$

区域 2 中性面左侧部分与低压绕组交链，设该部分磁通为 Φ_{s1}，则该部分漏抗为

$$X_{\mathrm{nn1}} = \frac{W_1}{I_1} \times \frac{\mathrm{d}\Phi_{\mathrm{s1}}}{\mathrm{d}t} \tag{3-9}$$

换算至高压侧为

$$k^2 X_{\mathrm{nn1}} = \frac{W_2^2}{W_1^2} \times \frac{W_1}{I_1} \times \frac{\mathrm{d}\Phi_{\mathrm{s1}}}{\mathrm{d}t} = \frac{W_2}{I_2} \times \frac{\mathrm{d}\Phi_{\mathrm{s1}}}{\mathrm{d}t} \tag{3-10}$$

则计算中该部分磁通可以视作与高压侧交链，则区域 2 磁通整体与高压绕组交链。即对于总的漏抗，分为 3 部分磁通来计算，即区域 1、2、3。实际上中性面的位置无论是在高、低压绕组上，或是空气中对实际漏抗均没有影响（证明从略）。

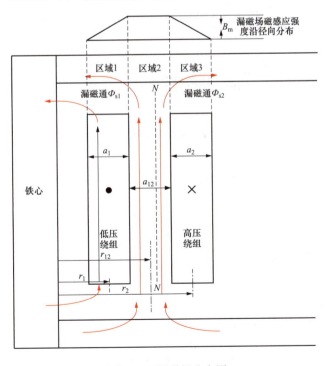

图 3-10　漏磁场分布图

区域 1：匝数按辐向均匀分布，则以低压绕组最左侧面为基准，沿辐向朝高压绕组侧移动 xm 后，该处的磁动势为

$$F = \frac{x}{a_1} \times W_1 I_1 \tag{3-11}$$

则 x 处的磁通密度为

$$B_x = \frac{\mu_0 I_1 W_1 \rho}{h \cdot a_1} x \tag{3-12}$$

对于 x 处 $\mathrm{d}x$ 厚度上的绕组，设其交链磁通为 $\varPhi(x)$，则该部分绕组的磁链为

$$\mathrm{d}\varPsi(x) = \frac{\varPhi(x)\mathrm{d}x}{a_1} W_1 \tag{3-13}$$

则低压绕组总的磁链为

$$\varPsi(x) = \int_0^{a_1} \frac{1}{a_1} W_1 \varPhi(x)\mathrm{d}x \tag{3-14}$$

而 $\varPhi(x)$ 为 $\mathrm{d}x$ 右侧即 x 至 a_1 处磁通密度在该部分面积 S 上的积分，x 处 $\mathrm{d}x$ 厚度上的磁通为

$$\mathrm{d}\varPhi(x) = B_x \times \mathrm{d}S = B_x \times 2\pi \left(r_1 - \frac{a_1}{2} + x \right)\mathrm{d}x \tag{3-15}$$

将式（3-15）代入式（3-14），可得到区域 1 的磁链 $\varPsi_1$ 为

$$\varPsi_1 = \int_0^{a_1} \frac{1}{a_1} W_1 \int_x^{a_1} \frac{\mu_0 I_1 W_1 \rho}{h a_1} x 2\pi \left(r_1 - \frac{a_1}{2} + x \right)\mathrm{d}^2 x \tag{3-16}$$

推出

$$\varPsi_1 = \frac{2\pi \mu_0 I_1 W_1^2 \rho a_1}{3h} \left(r_1 + \frac{a_1}{4} \right) \tag{3-17}$$

$$X_1 = 2\pi f L = 2\pi f \frac{\varPsi_1}{I_1} \tag{3-18}$$

同时由于 $r_1 \gg \dfrac{a_1}{4}$，忽略 $\dfrac{a_1}{4}$ 项，可得

$$X_{1\mathrm{D}} \approx \frac{4\pi^2 f \mu_0 W_1^2 \rho}{h} \times \frac{1}{3} a_1 r_1 \tag{3-19}$$

换算至高压侧区域 1 漏抗为

$$X_1 = k^2 X_{1\mathrm{D}} = \frac{4\pi^2 f \mu_0 W_2^2 \rho}{h} \times \frac{1}{3} a_1 r_1 \tag{3-20}$$

与区域 1 计算方法类似，换算至高压侧区域 3 漏抗为

$$X_3 = \frac{4\pi^2 f \mu_0 W_2^2 \rho}{h} \times \frac{1}{3} a_2 r_2 \tag{3-21}$$

换算至高压侧区域 2 漏抗为

$$X_2 = \frac{4\pi^2 f \mu_0 W_2^2 \rho}{h} \times \frac{1}{3} a_{12} r_{12} \tag{3-22}$$

则高压侧等效漏抗为

$$X_L = X_1 + X_2 + X_3 = \frac{4\pi^2 f \mu_0 W_2^2 \rho}{h} \sum D \tag{3-23}$$

其中漏磁等效面积为

$$\sum D = \frac{1}{3} a_1 r_1 + \frac{1}{3} a_2 r_2 + a_{12} r_{12} \tag{3-24}$$

通过以上计算可以看出，漏电抗与尺寸、磁密分布相关，与漏磁通与 NN 面在区域 2 的位置无关，仅与绕组高度上的磁通有关。

2. 能量法

磁场具有能量，从能量守恒的角度，漏磁场的能量由高压绕组提供，磁场能量随时间变化，对高压绕组的两个输入端子，表现为一等效电感，该电感即为漏电感，即

$$W(t) = \frac{1}{2} L_k \times i(t)^2 \tag{3-25}$$

对于最大值时刻，空间某点磁场能量为

$$dW_m = \frac{1}{2} \int_V B_m H_m dV = \frac{1}{2\mu_0} \int_V B_m^2 dV \tag{3-26}$$

对于漏磁通，有一部分在绕组区域之外的空间中，该区域的磁通量（磁流）与绕组空隙部分的值相等，根据洛氏系数 ρ 的定义，该部分的磁动势与绕组部分的比值为 $\frac{1-\rho}{\rho}$，由于 $F = \phi \times \mu \frac{l}{s}$，则非绕组段的磁阻与绕组部分的比值为 $\frac{1-\rho}{\rho}$。

电抗与磁阻等价，基于磁阻不变的条件，可以将非绕组段磁场等价成与绕组段面积相等的磁场，其等效长度与电抗高度的比值 $\frac{l}{h} = \frac{1-\rho}{\rho}$，故漏磁场整体长度为绕组段的 $\frac{l+h}{h} = \frac{1-\rho}{\rho} + 1 = \frac{1}{\rho}$ 倍。

最终可以将漏磁场的体积等效于一个长为 $\frac{h}{\rho}$、厚度为漏磁道宽度 λ 的空心圆柱体。故 $dV = \frac{h}{\rho} dS$。通过对该区域内漏磁场能量的积分可以得到漏抗值。

对于区域 1，则

$$dS = 2\pi \left(r_1 - \frac{1}{2} a_1 + x \right) dx \tag{3-27}$$

$$B_x = \frac{\mu_0 I_2 W_2 \rho}{h \cdot a_1} x \qquad (3-28)$$

故该区域磁场能量为

$$W_{1m} = \frac{1}{2\mu_0} \int_0^{a_1} \frac{h}{\rho} \left(\frac{\mu_0 I_{2m} W_2 \rho}{h a_2} x \right)^2 2\pi \left(r_1 - \frac{1}{2} a_1 + x \right) dx \approx \frac{2\pi\mu_0 I_2^2 W_2^2 \rho}{h} \times \frac{1}{3} a_1 r_1 \qquad (3-29)$$

同理区域 3 磁场能量为

$$W_{3m} = \frac{1}{2\mu_0} \int_0^{a_2} \frac{h}{\rho} \left(\frac{\mu_0 I_{2m} W_2 \rho}{h a_2} x \right)^2 2\pi \left(r_2 + \frac{1}{2} a_2 - x \right) dx \approx \frac{2\pi\mu_0 I_2^2 W_2^2 \rho}{h} \times \frac{1}{3} a_2 r_2 \qquad (3-30)$$

区域 2 磁场能量为

$$W_{2m} = \frac{1}{2\mu_0} \int_0^{a_{12}} \frac{h}{\rho} \left(\frac{\mu_0 I_{2m} W_2 \rho}{h} x \right)^2 2\pi \left(r_{12} - \frac{1}{2} a_{12} + x \right) dx \approx \frac{2\pi\mu_0 I_2^2 W_2^2 \rho}{h} \times a_{12} r_{12} \qquad (3-31)$$

故漏磁场总能量为

$$W_m = W_{1m} + W_{2m} + W_{3m} = \frac{2\pi\mu_0 I_2^2 W_2^2 \rho}{h} \sum D \qquad (3-32)$$

$$\sum D = \frac{1}{3} a_1 r_1 + \frac{1}{3} a_2 r_2 + a_{12} r_{12} \qquad (3-33)$$

则漏抗为

$$X_L = 2\pi f \frac{2W_m}{I_m^2} = \frac{4\pi^2 f \mu_0 W_2^2 \rho}{h} \sum D \qquad (3-34)$$

与磁链法算得的数据完全一致。通过以上对比可以看出，能量法有以下优点。

（1）更加直观，计算也更为简便，尤其是短路阻抗试验时，变压器铁心中几乎无磁场能量，所有磁场能量全部为漏磁场能量，而能量的来源只能是高压绕组，因此，通过能量法计算，从物理本质上更易于理解。同时当绕组发生变形后，采用叠加原理+能量法，更加方便分析变形对漏抗造成的影响。

（2）针对前面所述的中性面 NN 的位置对漏抗没有影响的证明，磁链法需要进行复杂的积分，通过能量法的计算方法可以直接得到。

（3）对于多绕组，绕组辐向分层布置（如高压调压绕组），计算更加直观、简便。

缺点：只能针对实际存在的磁场进行积分和计算，不符合前面所述的叠加原理，比如单独存在高压绕组时漏磁场能量为 W_g，单独存在低压绕组时漏磁场能量为 W_d，绕组叠加后漏磁场能量不等于 $W_g + W_d$，而应根据叠加后的实际磁场分布来计算能量。

（二）监测方法

以单相双绕组为讨论对象，其等效电路模型如图 3-11 所示。

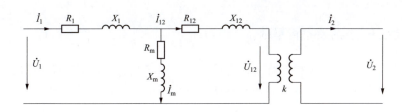

图 3-11　变压器等效电路模型

图 3-11 中，k 为变压器变比；$\dot{U}_1$、$\dot{U}_2$ 分别为一、二次侧电压相量值；$\dot{U}_{12}$ 为二次侧电压归算至一次侧的相量值；$\dot{I}_1$、$\dot{I}_2$ 分别为一、二次电流相量值；$\dot{I}_{12}$ 为二次侧电流归算至一次侧电流的相量值；$\dot{I}_m$ 为励磁电流；R_1、X_1、Z_1 分别为一次侧电阻、电抗、阻抗；R_{12}、X_{12}、Z_{12} 分别为二次侧电阻、电抗、阻抗归算至一次侧的值；R_m、X_m、Z_m 为励磁电阻、励磁电抗、励磁阻抗。

根据电路运算可知

$$\dot{U}_1 - \dot{U}_{12} = \dot{I}_1(R_1 + jX_1) + \dot{I}_{12}(R_{12} + jX_{12})\tag{3-35}$$

求解 X_1 与 X_{12}，进而计算出变压器短路电抗 $X_k = X_1 + X_{12}$。

对于三相变压器而言，通过测得 A、B、C 三相一、二次侧电压与电流相量值，同理可计算出 A、B、C 三相短路电抗 X_{Ak}、X_{Bk}、X_{Ck}，进而取 A、B、C 三相短路电抗平均值，即

$$X_k = \frac{X_{Ak} + X_{Bk} + X_{Ck}}{3}\tag{3-36}$$

式中　X_k——三相变压器的短路电抗平均值。

根据所得短路阻抗做以下判断：

（1）判断短路阻抗计算结果中最新记录的变压器不同电压等级绕组间的短路阻抗值与变压器铭牌值之间的偏差是否符合要求。

（2）判断短路阻抗计算结果中最新记录的变压器不同电压等级绕组间 A/B/C 相的短路阻抗值对应的相间偏差是否符合要求。

（3）判断短路阻抗计算结果中记录的变压器不同电压等级绕组间 A/B/C 相的短路阻抗值在最近一段时间内的最大偏差是否符合要求。

二、振动法

振动分析法主要是通过测量和分析油箱表面的振动信号来判断和预测绕组状况的方法。在监测过程中，设备不需要连接任何电气量，因此在监测过程中不影响电力系统的运行，是一种相对安全的在线监测技术。传统的方法不能准确检测绕组的松动故障，但利用振动可以有效、准确地监测。因此，通过采用振动分析方法对变压器的铁心与绕组之间状态做监测就具有非常重要的意义。

（一）振动法在线监测理论基础

变压器振动信号中包含着丰富的状态信息，对其振动特性的分析能够为在线监测工作的开展提供依据。变压器是一个复杂的整体，其振动信号是电场、磁场和固体力学多场耦合在一起的结果。对于大型变压器，其内部构件众多，结构复杂，因此振动信号的产生也是多方面的。经过大量的研究表明，变压器振动主要来源是铁心振动、绕组振动以及冷却装置振动等，本小节主要针对绕组振动展开叙述。

在前序章节分析可知，变压器绕组线圈接通电源流过电流时，除了铁心主磁路中主磁通外，在绕组与变压器油之间存在漏磁通。通常，在漏磁场的作用下，绕组线圈受到轴向电磁力与辐向电磁力的作用而产生振动。

1. 绕组辐向振动数学模型

对电力变压器绕组辐向振动建立相关振动力学模型，如图 3-12 所示，$m_1, m_2, \cdots, m_n$ 为绕组各线饼质量；$c_{x1}, c_{x2}, \cdots, c_{xn}$ 为绕组各线饼阻尼系数；$f_1, f_2, \cdots, f_n$ 为绕组各线饼辐向振动所受摩擦力；$F_{T1}, F_{T2}, \cdots, F_{Tn}$ 为绕组各线饼所受预紧力；$F_{x1}, F_{x2}, \cdots, F_{xn}$ 为绕组各线饼辐向所受电磁力。

在近似线性振动的特征下，电力变压器绕组辐向振动的基频以 100Hz 为主，辐向振动特性通过本体传至电力变压器表面，在电力变压器表面的振动基频也以 100Hz 为主。

2. 绕组轴向振动数学模型

对电力变压器轴向振动建立"质量—弹簧—阻尼"动力学模型，如图 3-13 所示。

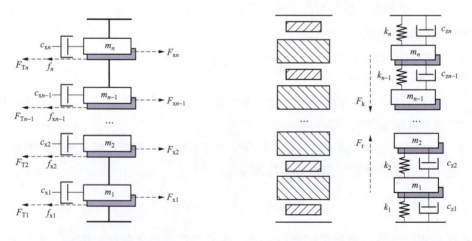

图 3-12　绕组辐向振动数学模型　　　　图 3-13　绕组轴向振动数学模型

图 3-13 中，$k_1, k_2, \cdots, k_n$ 为电力变压器绕组各绝缘垫块等效弹性系数；$m_1, m_2, \cdots, m_n$ 为其绕组各线饼质量；$c_{z1}, c_{z2}, \cdots, c_{zn}$ 为各绝缘垫块等效阻尼系数；F_k、F_r 分别为绕组轴向所受向下、向上电磁力。

在近似线性振动的特征下电力变压器绕组轴向振动的基频同样以 100Hz 为主，轴向振动特性通过本体传至电力变压器表面，在电力变压器表面的振动基频也是 100Hz。

以上分别针对电力变压器绕组辐向与轴向建立了振动加速度数学模型，从所建模型可以得出在近似线性振动的特征下，电力变压器绕组振动的基频以 100Hz 为主，并包含有其余高次谐波。但电力变压器在实际运行中，电力变压器绕组的振动还包含有其余高次谐波项，特别是在电力变压器故障运行时，其绕组存在较强的非线性振动。

（二）监测方法

对电力变压器绕组所建立的振动模型进行理论研究可知，电力变压器绕组振动与流经绕组的电流有很大关系。当电力变压器发生短路时，在突然增大的短路电流和漏磁场的相互作用下，会产生较大的电磁力。这种电磁力将加剧绕组振动，从而影响电力变压器本体振动。此外，当绕组的机械结构发生变化，如位移、鼓包、松动等故障时，内部刚体结构发生变化，导致轴向电磁力不平衡，振动加速度的幅值会变大，对应其振动量级及信号总能量会有明显的增大，从而加剧电力变压器本体振动。因此，可以通过电力变压器的振动加速度特征与声学特征来设计相应的振动信号采集系统，进而识别绕组是否发生变形等异常状况。

对于中小型三相油浸式变压器，其通常为吊芯式结构，绕组引起的振动信号不仅通过铁心和连接件传递至箱体，也会经过变压器绝缘油传递至油箱表面。

通过对绕组振动信号传递途径进行分析，可利用加速度传感器（感受机械运动振动的加速度并转换成可用输电信号的传感器）采集电力变压器的振动信号。其采集原理是将加速度传感器安装于电力变压器的本体表面，感知其本体的振动；再将振动信号传输至采集卡中实现 A/D 转换；将这些振动信号分别围绕绕组状态指标三要素：时域、频域及能量方面对变压器短路冲击试验振动信号进行分析。时域分析可以直接反映各次振动信号的波动性，但当信号波形相似时，不能清晰准确地给出对比信息和故障特征，引入可以量化分析的振动信号总能量指标。在此基础上，还需对信号频谱进行分析，复小波时频图包含丰富的频域信息，并且能够灵敏地反映振动信号频域特性。突发短路时，变压器振动与绕组状态密切相关，绕组状态评价指标综合考虑了振动信号的总能量及时频域分析，能够准备灵敏地表征电力变压器绕组状态。

三、超声波法

（一）超声波法在线监测理论基础

1. 超声波的基本物理特性
声波是一种可以在液体、固体、气体等介质中传播的机械波，超声波专指频率高于

20kHz 的声波。描述超声场的物理量有波长、频率、声速、声压、声强以及声阻抗，相互之间的关系如下。

（1）波长、频率与声速。超声波的波长是指波的一个完整周期所占据的距离，通常用 λ 表示，单位为米（m）；超声波的频率是指波的每秒振动发生的次数，常用 f 表示，单位为赫兹（Hz）；超声波的声速是指超声波在介质中传播的速度，用 C 来表示，单位为米每秒（m/s）。三者关系为

$$\lambda = \frac{C}{f} \qquad (3\text{-}37)$$

（2）声压、声强与声阻抗。超声波声压是指在超声场中某一点在某一瞬间所具有的压强与同一点的静态压强之差，常用 P 表示，单位为帕斯卡（Pa）；超声波声强是指超声波在介质传播过程中声波能量的大小，常用 I 表示，单位为瓦每平方（W/m²）；超声波声阻抗是指超声波传递介质对质点振动的阻碍作用，用 Z 表示，单位为兆帕每秒（MPa/s）。

声压与声强关系为

$$P^2 = I \cdot \rho \cdot C \qquad (3\text{-}38)$$

声阻抗为

$$Z = \rho \cdot C \qquad (3\text{-}39)$$

式中　ρ——固定压强和温度下该介质的密度。

2. 超声波在变压器油箱内的传播特性

对于油浸式电力变压器，外壳通常是由普通钢材等金属材料制成，内部被变压器油所填充。因此，超声波由超声传感器发射后，会在空气、变压器外壳以及变压器油等介质中传播，且超声波在不同介质中传递时会发生反射和折射。由于空气的声阻抗与变压器外壳声阻抗差异巨大，使得超声传感器发射的超声波全部被反射回来。为避免全反射的发生，需采用与变压器外壳声阻抗差异较小的耦合剂，用于保证超声传感器发生的超声波能顺利通过变压器外壳传递至变压器内部。

超声波由变压器外壳传递进入变压器油过程中，传播特性主要表现有吸收衰减、散射衰减、扩散衰减。

吸收衰减是指超声波在介质中传播时，由于介质吸收超声波的能量而导致的能量损耗。当超声波通过介质时，介质的能量吸收特性会导致超声波的能量逐渐减弱。另外，这种衰减随着超声波传播距离与超声波频率的增加而增加，吸收衰减可以通过材料的吸声系数来描述。

散射衰减是指超声波在遇到介质中不均匀性和边界界面时，由于散射现象而导致的能量损耗。当超声波与介质中的不均匀性或界面相互作用时，会导致超声波的能量在各个方向上进行散射，从而使部分能量散失。散射衰减取决于超声波自身波长以及介质的对比度、界面形状和介质的微观结构等。

扩散衰减是指超声波在介质中传播时，由于超声波自身性质与不断扩散等因素而导致的能量损耗。当超声波通过具有粗糙表面或由多个界面组成的介质时，超声波的能量会在不同的方向上进行反射和散射，从而使能量逐渐扩散和分散。扩散衰减取决于入射波的性质。

这些衰减方式在超声波传播中起着重要的作用，对超声波在实际应用中的传播距离、分辨率和信噪比等方面产生影响。研究和了解这些衰减方式对于优化超声波成像和检测的效果非常重要。

（二）监测方法

因超声波具有能量高、穿透力强以及方向性好等优点，利用超声检测方法对变压器内部绕组进行在线的实时检测，可以实时高效准确地判别出变压器绕组变形部位及变形程度，达到对变压器内部绕组状态的有效辨别。

通过以上对超声波的基本物理知识与传播特性的分析，使用与变压器外壳声阻抗差异较小的耦合剂，利用超声传感器发射超声波穿透变压器外壳，经过变压器油传递至被测绕组，利用超声波在介质中传播时间，计算出超声传感器到变压器绕组的距离，以此评估绕组的完整性和变形情况[22-23]。基于以上理论基础，超声波法监测变压器绕组变形原理如图3-14 所示。

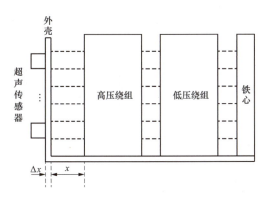

图 3-14　变压器绕组变形原理

图 3-14 中，Δx 为变压器外壳厚度，x 为超声传感器至变压器绕组的距离。

$$x = \frac{1}{2}vt + \Delta x \qquad (3\text{-}40)$$

式中　v——超声波在变压器油中传播的速度；

　　　t——超声波发射时刻与超声波经绕组反射回超声传感器接收时刻之间的时间。

在变压器绕组正常运行状态下，则可通过获得时间 t 来求得超声传感器到变压器绕组的距离，并作为原始数据保存，通过与原始算得的距离相对比，以此来判别出变压器绕组的形状变换与位移变化。

若绕组在辐向上发生外凸内陷的局部变形，超声波监测示意图如图 3-15 所示。

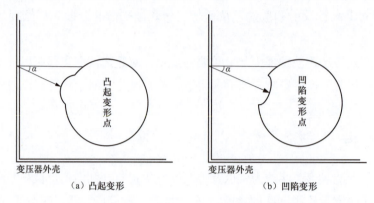

（a）凸起变形　　　　　　　　　（b）凹陷变形

图 3-15　变压器绕组辐向凸起与凹陷变形超声波监测示意图

针对辐向垂直于变压器绕组表面上的凸起变形点，检测到的超声波传播所需的时间会变短，变压器绕组表面至超声传感器的距离会变小，通过与原始数据算得的距离相对比，减小的距离变化值就是该点的凸起程度。针对辐向垂直于绕组表面上的凹陷变形点，检测到的超声波传播所需时间会变长，变压器绕组表面至超声传感器的距离会变大，通过与原始算得的距离相对比，增加的距离变化值就是该点凹陷的程度。

若绕组在轴向上发生位移的局部变形，超声波监测示意图如图 3-16 所示。

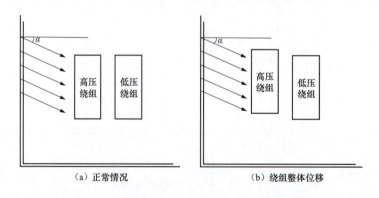

（a）正常情况　　　　　　　　　（b）绕组整体位移

图 3-16　绕组轴向位移变形超声波监测示意图

当变压器绕组发生整体轴向移位的情况时，有一部分超声波传播所需时间会发生变化，同时有一部分变压器绕组表面至超声传感器的距离也会发生变化。通过对比原始数据，如果部分距离变化值为负，就说明变压器绕组的整体轴向位移方向向上；如果部分距离变化值为正，则说明变压器绕组的整体轴向位移方向向下。同时，变压器绕组表面至超声传感器距离变化值的绝对值数值表示变压器绕组整体轴向位移的程度，以此来判别出变压器绕组的形状变换与位移变化。

四、在线传递函数法

（一）监测方法

在线传递函数法，包括 LVI 和 FRA 法，都不可避免地遇到如何向带电运行的变压器注入信号问题。目前主流的实现方式是利用电容式套管的末屏作为向变压器注入信号的途径[24]。

1. 套管末屏注入信号

电力系统中 110kV 及以上电压等级中常用的变压器套管主要是油纸绝缘电容式套管。末屏接地即电容式油纸绝缘芯子最外层通过接地线从小套管引出并接地。除此之外，在套管的法兰处还有分压小套管用于测量高压引线电压。变压器套管的电容值即为套管的高压引线与套管油纸绝缘末屏之间的电容 C_1 和末屏对地的电容 C_2。

在线检测时需要断开末屏接地，此时高压导电杆上的电压会耦合到套管末屏上，根据式（3-41）可计算求得套管末屏上的耦合电压 U_c，工频电压通常可达几十千伏。

$$U_c = \frac{C_1}{C_1 + C_2} \times U_p \tag{3-41}$$

式中　U_p——相电压。

为保证正弦扫频信号无衰减注入，同时保护检测装置，通过套管末屏在线注入激励信号和检测响应信号时，针对工频过电压需要并联一个保护阻抗 Z_b，如图 3-17 所示。因此在检测时变压器应先停电安装保护阻抗，这限制了该方法的现场应用。

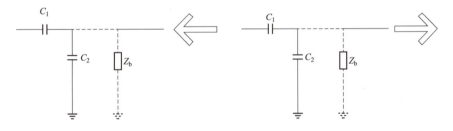

图 3-17　通过套管末屏注入信号和检测信号示意图

2. 通过磁场耦合的方式注入信号

磁场耦合方式是通过罗氏线圈使绕组中性点接地线上产生感应电压和感应电流。变压器绕组跟接地线之间存在电气连接，继而产生响应信号。

这种激励信号注入的方法适用于有中性点引出线的绕组，正常运行时，中性点电压为零，不涉及工频大电流，工况运行稳定、简单，干扰相对较小。当绕组是三角形接法或者 Y 形接法时没有中性点引出线可以利用，可以使用磁场耦合的方式从套管根部向绕组的高压引出线注入信号，但是必须克服工频大电流、很大的背景噪声等问题。

（二）注入信号的选择

1. 扫频信号

传统的频率响应分析法中输入的是稳态正弦波信号且信号的频率随时间在一个范围内反复扫描。但其应用在在线传递函数法中，存在一定的不足之处[25]：

（1）传统的扫频信号幅值低，如果应用在带电检测中，周围环境的电磁干扰可能会使扫频信号难以被有效检测到。

（2）目前频率响应分析法应用的扫频信号频率范围在 1kHz～1MHz 内。但是研究表明，高频信号对于微小形变的检测时更灵敏。在带电检测应用中，应考虑更高频段的扫频信号的注入问题。

2. 多正弦叠加波

多正弦叠加波是扫频信号波的一种变形情况，即将一段时间内产生的多个正弦信号叠加在一个周期内，这样扫频信号源就变成了多正弦叠加波源。

$$y(t) = \sum_{k=1}^{n} A_k \sin(2\pi f_k t + \varphi_k) \tag{3-42}$$

式中　k ——正弦信号波的个数；

　　　f_k ——第 k 个正弦信号波的频率；

　　　A_k ——频率为 f_k 时波的幅值；

　　　φ_k ——在频率为 f_k 时波的相位。

多正弦叠加波相较于传统的扫频信号的优势是其产生的响应信号只体现了谐振点的信号，这样可以省略其他无用频点的检测，简化测试流程。但使用多正弦叠加波必须先获取被测绕组的频率响应曲线，对于一些历史数据难以查找的变压器而言，无法达到简化测试流程的作用。

（三）在线应用的困难

离线检测时激励信号和响应信号都比较容易获取，但对于在线监测，考虑安装的安全性和测试的实用性，需要克服诸多问题。

（1）难以获取响应信号。变压器运行时处于高电压和大电流工况下，如何安全、稳定地获取响应信号是在线应用首先要解决的问题。

（2）变压器运行工况的不断变化。变压器负载不断变化，会对响应信号产生很大的影响，不能完全依照离线检测的经验来判断在线监测数据。

（3）电磁干扰问题。运行过程中外部存在很强的干扰信号，在分析中，需要考虑多方面的干扰因素，采取措施尽可能排除外部干扰。

本　章　小　结

本章系统地介绍了电力变压器绕组变形的检测原理、方法和技术。首先概述了绕组变形的原因及其对电力系统安全运行的影响，强调了早期检测的重要性。随后，详细探讨了几种主流的检测技术，包括频率响应分析（FRA）、低电压阻抗测试以及直流电阻测量等，每种方法都有其独特的优势和适用场景。通过实际案例和实验数据，展示了这些技术在识别绕组变形方面的有效性和可靠性。此外，还讨论了不同检测技术的局限性，并提出了综合应用多种检测手段以提高诊断准确性的建议。最后，总结了当前研究的最新进展，并展望了未来可能的发展方向，为工程师和技术人员提供参考。

第 4 章

电力变压器匝间短路检测技术

变压器绕组匝间短路是指同相绕组内部匝间绝缘破损导致匝间短路。它是变压器绕组运行过程中出现的严重隐患，如果不能及时处置，有可能发展成绕组相间短路故障，因此，对变压器绕组进行匝间短路检测具有非常重要的意义。匝间短路检测有停电试验、带电检测以及在线监测三种方式。停电试验效果好，但需主变压器配合停电，工作量大，陪试率高。定期带电检测有可能错过发现隐患的最佳时间，无法避免相间短路故障。早期在线监测成本高、精度低，效果不好，但随着技术发展，反复迭代后，在线监测在测试实时性、精度和成本上的优势已逐渐显现。

第一节　离线检测技术

在变压器匝间短路研究中大多是基于电路模型进行研究分析。通过电路中各种参数的变化辨识变压器缺陷，该类方法的主要难点在于需要建立变压器产品的精确等效模型[26]。

目前常用的主要是电压电流比法、行波反射法、变压器油色谱分析技术、扫频阻抗法等。

一、电压电流变比法

（一）电压电流变比法原理

方法一：

这里以单相电力变压器匝间短路为例，说明该方法的原理[27]，如图 4-1 所示，分析基于以下三条假设。

（1）变压器故障前和故障后达到稳态时，忽略变压器铁心的非线性。

（2）假设原副边绕组的自感和互感磁通均只存在于铁心中，且交链所有的线圈匝数。

（3）变压器故障前和故障后达到稳态时，忽略励磁电流。

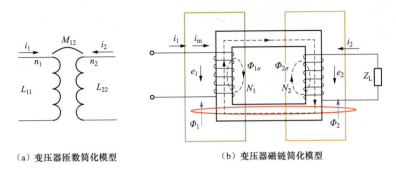

（a）变压器匝数简化模型　　　　（b）变压器磁链简化模型

图 4-1　单相变压器模型

1. 变压器故障前

由于变压器中主磁通基本不会随着负荷的变化而变化，规定磁通量由下向上穿出为正，由上向下穿入为负，通过变压器原边绕组［图 4-1（b）中绿色框所示］和副边绕组［图 4-1（b）中橙色框所示］的磁通量之和为零，即

$$\Phi_1 + \Phi_2 = 0 \tag{4-1}$$

式中　Φ_1、Φ_2——变压器原边、副边绕组的磁通量。

假设线圈为 n 匝，其磁通量 $\Phi = \Psi/n$，可以得到变压器原边和副边的磁通量，即

$$\begin{bmatrix} \Phi_1 \\ \Phi_2 \end{bmatrix} = \begin{bmatrix} \Psi_1 / n_1 \\ \Psi_2 / n_2 \end{bmatrix} \tag{4-2}$$

式中　Ψ_1、Ψ_2——变压器原边、副边绕组磁链。

以变压器原边绕组为例，其磁链应包含自感磁链和互感磁链，因为绕组磁链为 $\Psi = Li$，因此原、副边磁链为

$$\begin{bmatrix} \Psi_1 \\ \Psi_2 \end{bmatrix} = \begin{bmatrix} L_{11} & M_{12} \\ M_{21} & L_{22} \end{bmatrix} \begin{bmatrix} i_1 \\ i_2 \end{bmatrix} \tag{4-3}$$

结合式（4-1）、式（4-2）和式（4-3）可得

$$\frac{L_{11}i_1 + M_{12}i_2}{n_1} + \frac{M_{21}i_1 + L_{22}i_2}{n_2} = 0 \tag{4-4}$$

一般来说，绕组的自感与自身匝数的平方成正比，互感与两绕组匝数的乘积成正比，因此假设 $L_{11} = k_1 n_1^2$，$L_{22} = k_1 n_2^2$，$M_{12} = M_{21} = k_2 n_1 n_2$，式（4-4）可以简化为

$$n_1 i_1 + n_2 i_2 = 0 \tag{4-5}$$

用有效值可表示为

$$\frac{I_1}{I_2} = \frac{n_2}{n_1} \tag{4-6}$$

式中　I_1、I_2——原边、副边电流的有效值。

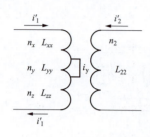

图 4-2 变压器故障后

2. 变压器故障后

假设变压器原边有 n_y 匝线圈发生匝间短路，如图 4-2 所示，这样原边线圈就被分为 n_x、n_y、n_z。每个部分都包含了他们三之间的互感和与副边绕组之间的互感。

故障达到稳态之后，原边磁通变为原边三部分磁通之和，变压器主磁通仍然不变，即

$$\Phi_x + \Phi_y + \Phi_z + \Phi_2' = 0 \tag{4-7}$$

式中 Φ_x、Φ_y、Φ_z——变压器原边三部分的磁通量；

Φ_2'——变压器副边的磁通量。

推理步骤类似于式（4-2）、式（4-3），可得

$$\begin{bmatrix} \Phi_x \\ \Phi_y \\ \Phi_z \\ \Phi_2' \end{bmatrix} = \begin{bmatrix} \Psi_x / n_x \\ \Psi_y / n_y \\ \Psi_z / n_z \\ \Psi_2' / n_2' \end{bmatrix} \tag{4-8}$$

$$\begin{bmatrix} \Psi_x \\ \Psi_y \\ \Psi_z \\ \Psi_2' \end{bmatrix} = \begin{bmatrix} L_{xx} & M_{xy} & M_{xz} & M_{x2} \\ M_{xy} & L_{yy} & M_{yz} & M_{y2} \\ M_{xz} & M_{yz} & L_{zz} & M_{z2} \\ M_{x2} & M_{y2} & M_{z2} & L_{22} \end{bmatrix} \begin{bmatrix} i_1' \\ i_y \\ i_1' \\ i_2' \end{bmatrix} \tag{4-9}$$

式中 L_{xx}、L_{yy}、L_{zz}——三部分绕组的自感；

M_{xy}、M_{xz}、M_{yz}——三部分绕组之间的互感；

M_{x2}、M_{y2}、M_{z2}——三部分与副边绕组的互感。

结合式（4-7）、式（4-8）和式（4-9）可得

$$\frac{i_1'}{i_2'} = -\frac{n_2}{n_1} + \frac{n_y(i_1' - i_y)}{n_1 i_2'} \tag{4-10}$$

从图 4-2 可以看出，i_1' 不可能等于 i_y，所以

$$\frac{I_1'}{I_2'} \neq \frac{n_2}{n_1} \tag{4-11}$$

式中 I_1'、I_2'——变压器故障后原、副边电流有效值。

由式（4-11）可知，变压器发生匝间短路后原副边的电流比将发生变化，因此可以采用这种方法来检测变压器是否发生匝间短路。

方法二：

对于电力变压器，由于 $I_0 < 0.03 I_{1N}$，I_0 为空载电流，I_{1N} 为原边侧额定电流，故在分析

变压器满载及负载电流较大时[28]，可以近似地认为 $I_0 \approx 0$，采用安培环路定理，即对于铁心励磁电流有 $\int H\mathrm{d}l = \sum i \approx 0$——也即变压器设计中常常使用的安匝平衡原理。

根据磁动势平衡，对于故障前可以得出：$n_1 i_1 + n_2 i_2 = 0$，对故障后：$i_1'(n_1 - n_y) + n_y i_y + n_2 i_2' = 0$，变化后与式（4-10）相同，其余步骤已省略。

（二）检测步骤

在变压器处于正常情况下，利用电压表或者电流表法测得的电压、电流比应是相等的，与从高压侧加压还是从低压侧加压无关。当变压器发生匝间短路的情况下，用同样的方法对变压器进行测量实验，所测得的变比会随着加压测的改变而改变。判断结论如下[29]：

（1）通过电压比进行判断。在高压侧加压，若电压比显著增高，低压侧加压电压比无明显变化，则故障在低压侧；在低压侧加压，若电压比显著减小，高压侧加压电压比无明显变化，则故障在高压侧。

（2）通过电流比进行判断。在高压侧加压，若电流比显著减小，低压侧加压电流比无明显变化，则故障在高压侧；在低压侧加压，若电流比显著增高，高压侧加压电流比无明显变化，则故障在低压侧。

匝间短路判断方法如图 4-3 所示。

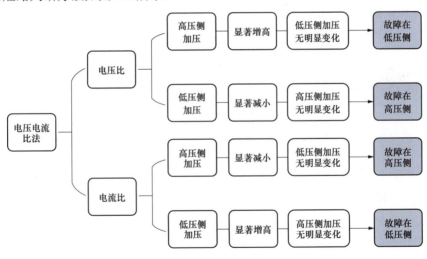

图 4-3　匝间短路判断方法

二、行波反射法

（一）行波原理

由波的传播特性可知：行波在不同介质中传播时会发生折射和反射。当行波沿导线运

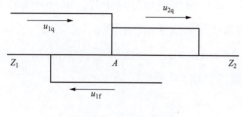

图 4-4　折射与反射

动时，在导线的线路参数发生突变处发生反射和折射现象，如图 4-4 所示。假设波阻抗在点 A 处分界，左侧波阻抗为 Z_1，右侧波阻抗为 Z_2。前行波下标均为 q，反射波下标均为 f。定义波向右传递为正，由欧姆定律可知

$$Z = \frac{u_q}{i_q} = -\frac{u_f}{i_f} \tag{4-12}$$

式中　u_q、i_q——前行波的电压、电流；

u_f、i_f——反射波的电压、电流。

当入射波 u_{1q} 到达 A 点时，可以得到反射波 u_{1f} 和折射波 u_{2q}。假设折射波 u_{2q} 未到达 Z_2 末端，没有反射波回来，那么对于左侧反射线路，则

$$\begin{cases} u_1 = u_{1f} + u_{1q} \\ i_1 = i_{1f} + i_{1q} \end{cases} \tag{4-13}$$

式中　u_1、i_1——线路 Z_1 上的电压、电流。

对于右侧折射线路，因为折射波未到达 Z_2 末端，即 $u_{2f} = 0$，故

$$\begin{cases} u_2 = u_{2q} \\ i_2 = i_{2q} \end{cases} \tag{4-14}$$

由于节点 A 处左右电压电流应相等，故 $u_1 = u_2$、$i_1 = i_2$，所以

$$\begin{cases} u_{2q} = u_{1f} + u_{1q} \\ i_{2q} = i_{1f} + i_{1q} \end{cases} \tag{4-15}$$

由式（4-15）可得

$$\frac{u_{2q}}{Z_2} = \frac{u_{1q}}{Z_1} - \frac{u_{1f}}{Z_1} \tag{4-16}$$

$$u_{1q} = u_{1f} + \frac{Z_1}{Z_2} u_{2q} \tag{4-17}$$

结合式（4-12）、式（4-15）、式（4-16）和式（4-17）可得

$$\begin{cases} u_{1f} = \dfrac{Z_2 - Z_1}{Z_1 + Z_2} u_{1q} = \alpha u_{1q} \\ u_{2q} = \dfrac{2Z_2}{Z_1 + Z_2} u_{1q} = \beta u_{1q} \end{cases} \tag{4-18}$$

式中　α——反射系数；

β——折射系数，$\alpha = 1 + \beta$。

由式（4-18）可以看出折射系数 β 恒大于零，折射波和入射波方向相同。

将变压器绕组展开，每一匝线圈交界处视为一个折射反射节点。因此可以画出一个 n

匝的绕组等效示意图，如图 4-5 所示。

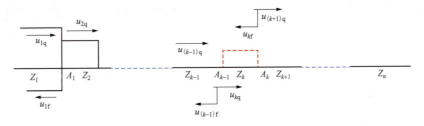

图 4-5　n 匝的绕组等效示意图

故障前，当前行波到达节点 A_{k-1}，折射波 u_{kq} 继续向前传播，反射波 $u_{(k-1)f}$ 则返回输入端，随着绕组匝数的增加，折射反射次数明显增多，波形也会随之改变，理论上注入合适的信号，可以采集到一连串相似的反射波，对应每一匝绕组。

（二）检测步骤

线路的波阻抗取决于单位长度的线路电感和匝间电容。当第 $k-1$ 匝与第 k 匝发生匝间短路，如图 4-5 矩形红色虚线框所示，在第 k 匝的线圈被短接，原本在第 $k-1$ 匝的首端连接处的波阻抗不连续点变成了第 k 匝的首段连接处。这里以饼式变压器绕组为例，匝间距离增大对应匝间电容减小和波阻抗增大，所以匝间短路后第 $k-1$ 匝与第 k 匝的波阻抗变化量会小于第 $k-1$ 匝与第 $k+1$ 匝的变化量[30]。即

$$Z_n - Z_{n-1} < Z_{n+1} - Z_{n-1} \tag{4-19}$$

可得

$$Z_n < Z_{n+1} \tag{4-20}$$

根据式（4-18）行波反射原理，令 $f(x) = \dfrac{x - Z_{n-1}}{x + Z_{n-1}}$，则 $f'(x) = \dfrac{(x + Z_{n-1}) - (x - Z_{n-1})}{(x + Z_{n-1})^2} = \dfrac{2Z_{n-1}}{(x + Z_{n-1})^2} > 0$，可知 $f(x)$ 为单调递增函数。所以 $f(Z_n) < f(Z_{n+1})$，即

$$\frac{Z_n - Z_{n-1}}{Z_n + Z_{n-1}} < \frac{Z_{n+1} - Z_{n-1}}{Z_{n+1} + Z_{n-1}} \tag{4-21}$$

因此，匝间短路后对应的电压反射系数增大，根据式（4-18）可知，反射电压幅值相较于正常情况有所增加，并且匝间短路之前的 n 匝线圈的反射波电压基本不受短路的影响，因此可以根据反射电压突变情况判断匝间短路。

三、扫频阻抗法原理及检测步骤

（一）扫频阻抗法原理

扫频阻抗法结合了低压短路阻抗法和频率响应法两种方法的优点，在原理上有所改

进。下面分别介绍两种方法的基本原理。

低压短路阻抗法：变压器一侧出线短路，另一侧施加 50Hz 工频电压，当电流达到额定值时，记录下此时的电压，测得的电压电流的比值即为短路阻抗值[31]，接线方式如图 4-6 所示。

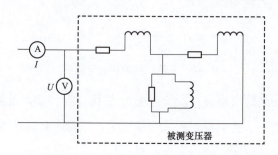

图 4-6　短路阻抗法

频率响应分析法（Frequency Response Analysis Method，FRA）1978 年由加拿大的 E.P. 迪克（Dick）提出，目前已在世界各国广泛使用。当频率较高时，变压器可以忽略绕组自感和铁心影响，这时一般将变压器等效为纯电容、电感和电阻组成的无源线性双端口网络。通常绕组的电阻很小，这里忽略绕组的电阻，等值网络如图 4-7 所示，V_i 代表频率响应输入端，V_o 代表输出端，也就是响应端。令绕组单位长度的分布电感为 L，纵向电容为 K，对地电容为 C [31]。这里可以采用传递函数 $H(j\omega)$，如式（4-22）所示。

$$H(j\omega) = 20\lg \left| \frac{V_o(j\omega)}{V_i(j\omega)} \right| \tag{4-22}$$

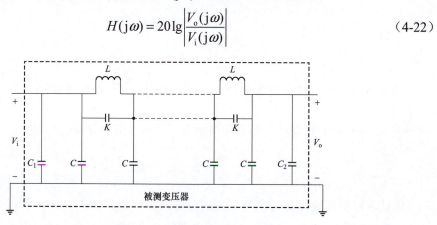

图 4-7　频率响应法原理图

当变压器绕组发生匝间短路的时候，就会使得该网络中的参数发生变化，导致传递函数 $H(j\omega)$ 发生改变，使得其零极点均有所移动，因此可以多做几次测试，通过对比就能判断绕组的状态。

扫频阻抗法一次测试便可得到变压器绕组的短路阻抗和扫频阻抗曲线，通过该曲线 50Hz 处的短路阻抗值与变压器铭牌值的比较[31-32]，可判断变压器绕组是否发生故障，如

图 4-8 所示。

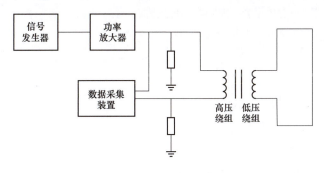

图 4-8　扫频阻抗法

（二）检测步骤

采用扫频阻抗法测试时，接线方式与短路阻抗测试相同，将一侧绕组短接，然后将一稳定扫频信号 V_i（DL/T 393—2021《输变电设备状态检修试验规程》中规定频率应覆盖为 10～1000Hz）从另一侧绕组的一个端子注入，扫频信号经功率放大后利用数据采集器记录此时的信号为 U_1，在该绕组的另一端子检测到响应信号 U_2，然后可以求得此变压器的扫频阻抗，即

$$Z_k(\mathrm{j}\omega) = \frac{U_1(\mathrm{j}\omega) - U_2(\mathrm{j}\omega)}{I_1(\mathrm{j}\omega)} = R + \mathrm{j}X(\omega) \tag{4-23}$$

式中　R——线圈电阻；

　　　X——线圈电抗。

因此可得阻抗模值为

$$Z_k = \sqrt{R^2 + X^2} \tag{4-24}$$

利用该方法在变压器故障前/后得到的扫频阻抗曲线可较为快捷地判断变压器故障的类型和位置。将正常情况的扫频阻抗曲线作为基准值，并与该故障曲线进行比较，通过比较两次测试数据 50Hz 处的阻抗值变化，能够进一步确认故障。

四、功率损耗法

（一）功率损耗法原理

变压器功率损耗由铁损耗和铜损耗组成。铁损耗是指变压器的磁化过程中由于铁心材料的磁滞和涡流效应导致的能量损耗。铜损耗是指变压器绕组导线的电阻造成的能量损耗。通过测量和分析变压器的功率输入和输出，可以计算出变压器的总损耗[33]。当变压器出现故障时，例如绕组短路、接触不良或绝缘老化等，会导致变压器的功率损耗发生变化。通过定期测量变压器的功率损耗，并将其与变压器的额定值或历史数据进行对比，可以发现异常的功率损耗变化，从而推测可能存在的故障。

在变压器绕组正常状态下[34]，通过绕组的电流为

$$I = \frac{U - E}{Z} \qquad (4-25)$$

式中　U——两端的外施电压；

　　　E——产生的感应电动势；

　　　Z——该绕组的总阻抗。

假设变压器运行在额定功率90%处，即$E=0.9U$，代入式（4-25），可得电流为

$$I = 0.1\frac{U}{Z} \qquad (4-26)$$

当发生轻微匝间短路时，短路匝数 n_d 远远小于总匝数，因此绕组的主磁通默认不变，假设a、b两点之间短路，可得匝间短路故障单相绕组简化图，如图4-9所示。

故障初期，则

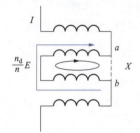

$$X = \frac{n_d}{n}U \qquad (4-27)$$

短路线圈产生的环路电流为

$$I_d = -\frac{X - \dfrac{n_d}{n}E}{\dfrac{n_d}{n}Z} \qquad (4-28)$$

图4-9　匝间短路绕组简化图　　　随着时间的推移，故障不断发展，X逐渐降低，短路匝间电压逐渐变为0，此时环路电流也逐渐趋于0，再换向增大，最终形成与端电流相反的环流，即

$$I_d = -\frac{E}{Z} = -0.9\frac{U}{Z} \qquad (4-29)$$

由此可知短路匝内部会形成短路电流，在闭环内流动，因此变压器功率损耗必然会变化。

（二）检测步骤

当变压器发生匝间短路故障且短路匝数较少时，虽然绕组的引出线电流变化较小，但短路环流不可忽视。将短路线圈视为直接绕在铁心上，导致磁通量饱和，进而增加绕组线圈的铜损和附加损耗，引发局部温升。变压器的铜损是指负载运行时绕组电阻产生的能耗[34]，则

$$P = I_N^2 R \qquad (4-30)$$

式中　I_N——绕组相电流；

　　　R——绕组的电阻值。

参考温度取 75℃以下的值进行计算。

由于线圈受到漏磁场的影响，会造成额外的附加损耗，如涡流损耗、环流损耗、磁滞损耗等，其中主要的附加损耗是涡流损耗。涡流损耗是当铁心和绕组产生涡流效应而造成的损耗。涡流损耗的推导公式为

$$P_W = \frac{\pi D_r m n b a^3 \omega^2 B_{m\delta}^2}{72\rho_d} \tag{4-31}$$

式中　D_r——线匝的平均直径；

　　m、n——绕组线圈的幅向和轴向的导体数量；

　　b、a——单匝线圈的轴向和幅向长度；

　　　ω——变压器交流运行的角速度；

　　$B_{m\delta}$——变压器的漏磁密度；

　　　ρ_d——绕组的电阻率。

根据上式可知除去漏磁场密度以外其他的参数都是变压器自身参数，所以绕组的涡流损耗和变压器漏磁有着直接的关系。

因此在变压器发生匝间短路过程中，会产生明显的功率损耗变化，其主要反映到漏磁的变化以及绕组电流的变化。同时短路匝的短路环流增大会引起功率增大，代入式（4-29）和绕组短路等效电阻 r 可以得出短路环流的短路部分电阻和功率损耗，即

$$r_k = \frac{n_d}{n} r \tag{4-32}$$

$$P_d = \frac{n_d}{n} \left(\frac{E}{Z} \right)^2 r \tag{4-33}$$

在匝间短路发生过程中，短路匝有可能因为发热使绝缘破损造成邻近线圈粘连，导致接触电阻变大，根据上式，线圈会产生大量热量，通过比较不同测试数据的功率损耗，能够进一步确认故障。

第二节　在线监测技术

在线监测系统可以实时收集变压器的运行数据，并利用智能算法进行实时分析。这样可以及时检测到变压器故障的早期迹象，并及时预警。这种方法能够替代定期检测，提高故障诊断的准确性和效率，同时避免安全隐患的发生。

然而，目前对于利用数据表征变压器绕组短路故障位置的研究相对较少。实际中应用的只有漏磁场法和漏电感法。

一、漏磁场法

（一）漏磁场法原理

正常情况下，变压器的漏磁场会均匀分布，如图 4-10 所示；当发生匝间短路的时候，漏磁场会发生畸变，引起漏电感变化，通过检测漏磁场或漏电感的变化就能判断绕组是否发生了匝间短路。匝间短路时变压器漏磁场分布如图 4-11 所示。

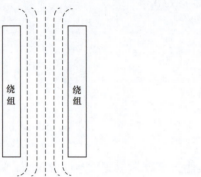
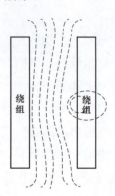

图 4-10　正常情况变压器漏磁场分布　　　　图 4-11　匝间短路时变压器漏磁场分布

（二）监测步骤

这里可以利用霍尔效应，在变压器内部装设霍尔元件检测漏磁场来判断是否发生匝间短路。此方法虽然简洁明了，但对于已经投运的变压器来说，在内部安装霍尔元件是不现实的，且变压器内部霍尔元件的准确度不高。

二、漏电感法

（一）漏电感原理

由于变压器制作材料的限制，变压器线圈所产生的磁力线并不能完整地从初级线圈到次级线圈，或者从次级到初级。变压器的漏电感一般是由横向漏电感和纵向漏电感组成，因为变压器结构的特殊性，一般横向漏电感比纵向小得多[35]。

根据电磁感应的原理，首先计算变压器的漏磁通，如式（4-34）所示

$$\Phi_\sigma = NIA_\sigma \tag{4-34}$$

式中　N——变压器绕组的匝数；

I——流过变压器绕组的电流；

A_σ——磁路漏磁磁导。

变压器绕组的漏电感可用式（4-35）表示，即

$$L = \frac{N\Phi_\sigma}{I} \tag{4-35}$$

将式（4-34）代入式（4-35）可得

$$L = N^2 A_\sigma \tag{4-36}$$

从上式可以看出，变压器的漏电感取决于绕组的匝数和漏磁磁导，对于一个特定的变压器，其绕组匝数已经确定，可以得到变压器的漏电感与漏磁磁导两者呈正相关。因此，可以通过变压器漏电感来反推变压器是否发生了匝间短路。

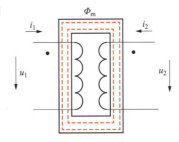

图 4-12　单相变压器

这里以单相双绕组变压器为例进行分析，如图 4-12 所示。其满足的回路方程为

$$u_1 = r_1 i_1 + L_1 \frac{\mathrm{d}i_1}{\mathrm{d}t} + N_1 \frac{\mathrm{d}\Phi_\mathrm{m}}{\mathrm{d}t} \tag{4-37}$$

$$u_2 = r_2 i_2 + L_2 \frac{\mathrm{d}i_2}{\mathrm{d}t} + N_2 \frac{\mathrm{d}\Phi_\mathrm{m}}{\mathrm{d}t} \tag{4-38}$$

式中　　　　　　u_1、u_2——变压器原边、副边绕组的端口电压；

　　　　　　　　i_1、i_2——变压器端口电流；

r_1、r_2、L_1、L_2、N_1、N_2——原边、副边绕组的电阻、漏电感、匝数；

　　　　　　　　Φ_m——原边、副边的互感磁通，包含了主磁通和等效漏互感磁通。

原边、副边的互感磁通应相等，对式（4-37）和式（4-38）进行处理，可得

$$\frac{1}{N_1}\left(u_1 - r_1 i_1 - L_1 \frac{\mathrm{d}i_1}{\mathrm{d}t}\right) = \frac{1}{N_2}\left(u_2 - r_2 i_2 - L_2 \frac{\mathrm{d}i_2}{\mathrm{d}t}\right) \tag{4-39}$$

将二次侧参数折算到一次侧，可得

$$(u_1 - u_2') - (r_1 i_1 + r_2' i_2') - \left(L_1 \frac{\mathrm{d}i_1}{\mathrm{d}t} + L_2' \frac{\mathrm{d}i_2'}{\mathrm{d}t}\right) = 0 \tag{4-40}$$

式中　u_2'、i_2'、r_2'、L_2'——二次侧折算到一次侧的电压、电流、电阻、漏电感。

由于正常运行状态下，变压器的励磁电流很小，这里忽略不计，则式（4-40）可以简化为

$$u_1 - u_2' = r_\mathrm{k} i_1 + L_\mathrm{k} \frac{\mathrm{d}i_1}{\mathrm{d}t} \tag{4-41}$$

式中　$r_\mathrm{k} = r_1 + r_2'$——二次侧折算到一次侧后的总电阻；

　　　$L_\mathrm{k} = L_1 + L_2'$——二次侧折算到一次侧后的总漏电感。

（二）监测步骤

根据变压器出厂时提供的短路电抗 x_k，求得出厂时的等值漏电感为

$$L_\mathrm{k}' = x_\mathrm{k} / \omega \tag{4-42}$$

假设变压器发生了匝间短路，那么 L_k 一定会发生变化，由式（4-42）可以计算出 L_k

的变化值，再将变化值与原始正常值对比，就可以知道变压器是否发生了故障。

漏电抗法用于在线监测时，主变压器处于运行状态，匝间电压较高，匝间短路相当于附加了短路绕组，该部分绕组会消耗较大的有功和无功，带来变压器阻抗的变化，这种变化可以被监测到。

但在停电测试中，短路电抗法诊断绕组匝间短路往往非常不灵敏，可能原因如下。

（1）短路阻抗测试中，匝间的电压很低，而匝间短路故障一般不是故障点的匝间绕组彻底熔接在一起，其接触电阻可能与匝间电压有关，匝间电压高时开始放电，则接触电阻小，电压低时接触电阻大。

（2）短接的两匝绕组可以视作短接匝的漏电抗与短接处接触电阻的并联，当匝的漏电抗较小而接触电阻较大时，产生的阻抗变化不明显。

实际诊断试验中，一般采用空载和感应耐压带局部放电测试来测试判断匝间短路，这两种试验匝间电压较高，接触点容易放电导通，并体现在损耗和局部放电上。同时短接的两匝绕组是短接匝的励磁阻抗和短接处接触电阻并联，励磁阻抗一般很大，并联接触电阻后导致总的励磁阻抗改变较大，可以在励磁电流上体现，同时短接匝由于交链铁心磁通，会产生很大的反向环流，励磁电流为了抵消环流也会相应增大，空载损耗也会相应增大。

三、变压器油色谱分析技术

（一）油色谱原理

变压器油色谱分析是通过检测变压器绝缘油中的化学成分来评估变压器的状态和健康状况。它是一种常用的诊断技术，可以用于检测油中各种异常物质的存在，例如气体、水分、固体颗粒、氧化产物等，以及评估绝缘油的化学性质和降解情况。

1. 特征气体判断

油色谱特征气体判断法是通过分析变压器绝缘油中的溶解气体成分来评估变压器的状态和运行情况。不同类型的气体会在变压器运行过程中产生，其中一些气体的存在可以指示潜在的故障或异常情况。

以下是常见的油色谱特征气体判断法所关注的一些气体及其可能的意义。

（1）氢气（H_2）：氢气是变压器内部电弧放电的结果，或者是由于水分与绝缘材料的反应产生的。高浓度的氢气可能暗示变压器内部存在强烈的电弧或局部放电。

（2）甲烷（CH_4）：甲烷是由于绝缘材料的低温热分解产生的，也可能是由于绝缘油中微生物代谢导致的。

（3）乙炔（C_2H_2）：乙炔通常是由于绝缘材料的强烈热分解而产生，可能是由于严重的绝缘油老化、电弧放电或局部放电造成的。

（4）乙烯（C_2H_4）：乙烯是由于变压器内部局部放电、高温或低温造成的绝缘材料热分解的产物。其存在可能表示绝缘材料老化或变压器内部存在局部放电。

（5）乙烷（C_2H_6）：固体绝缘材料过热达到一定温度，纤维素逐渐碳化使乙烷增加。

（6）一氧化碳（CO）：一氧化碳通常是由于绝缘材料的不完全燃烧产生的，可能是由于高温故障或电弧放电引起的。

（7）二氧化碳（CO_2）：一氧化碳通常是由于固体绝缘材料的完全燃烧产生的，可能是由于高温故障或电弧放电引起的。

2. 特征气体法

根据不同故障类型产生的气体不一样，依照 DL/T 722—2014《变压器油中溶解气体分析和判断导则》可以得到如表 4-1 所示。

表 4-1　　　　　　　　　　　不同故障类型产生的气体

故障类型	主要特征气体	次要特征气体
油过热	CH_4、C_2H_4	H_2、C_2H_6
油和纸过热	CH_4、C_2H_4、CO	H_2、C_2H_6、CO_2
油纸绝缘中局部放电	CH_4、H_2、CO	C_2H_2、C_2H_4、C_2H_6
油中火花放电	H_2、C_2H_2	—
油中电弧	H_2、C_2H_2、C_2H_4	CH_4、C_2H_6
油和纸中电弧	H_2、C_2H_2、C_2H_4、CO	CH_4、C_2H_6、CO

3. 三比值法

三比值法的基础是实践与热动力学，IEC 60599—2022《在用矿物油填充电气设备—溶解气体和游离气体分析的解释指南》中是利用三种基本气体比率为基础，有些国家中利用 CH_4/H_2 替代 C_2H_4/C_2H_6，且每个国家比率限制不同，我国在此基础上推出的 DL/T 722—2014《变压器油中溶解气体分析和判断导则》，通过五种气态物质（CH_4、C_2H_6、C_2H_4、H_2、C_2H_2）的三组对比值（C_2H_2/C_2H_4、CH_4/H_2、C_2H_4/C_2H_6）的编码组合判断故障的方法，通常在特征气体的浓度大于注意值时使用[36]，编码规则如表 4-2 所示。

表 4-2　　　　　　　　　　三 比 值 法 编 码 规 则

气体比值范围	C_2H_2/C_2H_4	CH_4/H_2	C_2H_4/C_2H_6
<0.1	0	1	0
0.1~1	1	0	0
1~3	1	2	1
>3	2	2	2

根据 DL/T 722—2014《变压器油中溶解气体分析和判断导则》可以得到编码组合故障类型判断，如表 4-3 所示。

表 4-3 编码组合故障类型判断

C_2H_2/C_2H_4	CH_4/H_2	C_2H_4/C_2H_6	故障类型判断（℃）	故障示例参考
0	0	0	低温过热（<150）	绝缘导线过热，注意 CO 和 CO_2 含量和 CO_2/CO 值
	2	0	低温过热（150～300）	分接开关接触不良、引线夹件螺栓松动或接头焊接不良、涡流引起铜过热、铁心漏磁、局部短路、层间绝缘不良、铁心多点接等
	2	1	中温过热（300～700）	
	0、1、2	2	高温过热（>700）	
	1	0	局部放电	高湿度、高含气量引起油中低能量密度的局部放电
1	0、1	0、1、2	电弧放电	线圈匝间、层间短路、相间闪络、分接头引线间油隙闪络、引线对箱壳放电、线圈熔断、分接开关飞弧因环路电流引起电弧、引线对其他接地体放电等
	2	0、1、2	电弧放电兼过热	
2	0、1	0、1、2	低能放电	引线对电位未固定的部件之间连续火花放电，分接抽头引线和油隙闪络，不同电位之间的油中火花放电或悬浮电位之间的火花放电
	2	0、1、2	低能放电兼过热	

从表中可以看出当 $C_2H_2/C_2H_4=2$ 时可能出现线圈匝间、层间短路的情况，因此油色谱分析的三比值法可以用于检测变压器匝间短路。

（二）监测步骤

根据 GB/T 17623—2017《绝缘油中溶解气体组分含量的气相色谱测定法》可知油中溶解气体检测系统一般由脱气装置、气相色谱仪、记录装置等组成。现有变压器油色谱分析技术基于色谱原理，通过分离复杂的混合物成分并测量其相对浓度。变压器油色谱分析包括以下步骤：

1. 脱气

（1）顶空取气法（机械振荡法）。顶空取气法基于顶空色谱法原理，也称为分配定律。该方法在恒温恒压条件下，将油样置于与洗脱气体构成的密闭系统内，通过机械振荡使油中溶解气体在气液两相之间达到分配平衡的状态。通过测定气体中各组分的浓度，并利用分配定律和物质平衡原理导出的公式，计算出油样中各组分的溶解气体浓度。

（2）变径活塞泵全脱气法。变径活塞泵脱气装置是由变径活塞泵、脱气容器、磁力搅拌器和真空泵等组成的设备。它利用真空和搅拌作用，在一个密封的脱气室内，迅速将油中溶解的气体析出。同时，通过应用大气与负压的交替力量作用于变径活塞，使活塞多次上下移动进行脱气和压缩集气。此外，还采用连续补入少量氮气（或氩气）的洗气技术，加速气体的转移，并克服集气空间死体积对脱出气体收集程度的影响，从而提高了脱气率。这样，装置基于真空法的基本原理实现了气体脱除。

2. 样品分析

采用外标定量法，在稳定且相同的条件下进行，采用注射器抽取样品气进行分析，最终从色谱图上得到各组分的峰面积或者峰高，至少重复操作两次，取平均值，减小误差。

3. 结果计算

（1）顶空取气法（机械振荡法）。将在室温、试验压力下平衡的气样体积 V_g 和试油体积 V_1 分别换算到 50℃、试验压力下的体积，然后计算油中溶解的各个气体浓度。

（2）变径活塞泵全脱气法。将在室温、试验压力下的气体体积 V_g 和试油体积 V_1 分别换算到 20℃、101.3kPa 下的体积，然后计算油中溶解的各个气体浓度。

通过变压器油色谱分析，可以获得关于变压器绝缘系统的重要信息，如绝缘油的降解程度、绝缘系统的温度和湿度状况、绝缘材料的老化情况以及变压器是否存在潜在故障等。这些信息对于预防性维护和故障诊断具有重要意义，可以提高变压器的可靠性和运行效率。

四、人工智能

人工智能算法是一种以评估设备状态为基础、以预测状态发展趋势为依据的新型检修方式，基于实时数据监测和分析，利用机器学习、深度学习等技术，能够对设备状态进行评估和预测。通过对大量历史数据和实时监测数据的学习和分析，人工智能算法可以识别出变压器的异常行为、预测可能的故障发展，从而及时采取维护措施，避免设备故障和停机[37]。

本　章　小　结

本章深入探讨了匝间短路故障的成因、影响及其检测方法。本章首先介绍了匝间短路对变压器性能和电网稳定性造成的威胁，强调了及时准确检测的重要性。随后，详细讲解了几种有效的检测技术，如局部放电测量、油中溶解气体分析（DGA）、振动分析以及基于人工智能的故障诊断系统。每种方法都有其特定的应用场景和技术优势。通过实际案例研究，展示了这些技术在早期发现匝间短路故障方面的实用性和可靠性。此外，本章还讨论了不同检测技术的局限性，并提出了结合多种手段进行综合评估的方法，以提高故障诊断的准确性。最后，总结了当前的研究进展，并对未来的技术发展方向进行了展望。

第 5 章

案 例 分 析

第一节　绕组变形案例 1

一、设备简况

2018 年 10 月 31 日，在对某变电站 1 号主变压器进行例行试验时，发现电容量、短路阻抗存在异常，综合绕组频率响应数据，判断绕组存在变形。

设备铭牌参数见表 5-1。

表 5-1　　　　　　　　　　　设 备 铭 牌 参 数

型号	SFZ9-40000/110	频率（Hz）		50
额定容量（kVA）	40000/40000	相数		3
额定电压（kV）	110±8×1.25%/10.5	空载电流（%）		0.19
额定电流（A）	209.9/2199.4	空载损耗（kW）		29.74
联结组标号	YNd11	负载损耗（kW）		147.26
出厂序号	06031501	短路阻抗（%）	极限正分接	11.43
出厂日期	2006 年 8 月		额定分接	10.66
总重（kg）	54740		极限负分接	10.36

二、试验情况

（一）电容量试验

电容量历次数据对比见表 5-2。

表 5-2 电容量历次数据对比

试验日期	试验项目	测试值		
		高压—低压及地	低压—高压及地	高压、低压—地
2018 年 10 月 31 日（22℃）	电容量（nF）	8.56	16.05	13.86
	介质损耗因数 $\tan\delta$（%）	0.25	0.27	0.27
	电容量与 2013 值偏差（%）	−0.26	7.72	9.05
	电容量与 2008 值偏差（%）	−0.34	7.99	9.19
2013 年 6 月 2 日（25℃）	电容量（nF）	8.58	14.90	12.71
	介质损耗因数 $\tan\delta$（%）	0.23	0.27	0.31
	电容量与 2008 年值偏差（%）	−0.08	0.25	0.13
2008 年 9 月 30 日（28℃）	电容量（nF）	8.59	14.86	12.69
	介质损耗因数 $\tan\delta$（%）	0.25	0.37	0.41

初步分析 2018 年与 2013 年数据，低压—高压及地增加 1.15nF；高压、低压—地数据增加 1.15nF；高度吻合，初步怀疑低压对地电容量改变了 1.15nF。于是将电容量数据进行了换算，如下。

如图 5-1 所示，设高压绕组对地电容量为 C_1，低压绕组对地电容量为 C_2（由于铁心始终接地，故 C_2 可以分为低压绕组对铁心电容 C_{2t} 和低压绕组对夹件外壳等其余金属部件的电容 C_{2q}），高压绕组对低压绕组电容量为 C_{12}，在采用反接线进行整体电容量测试时，高压绕组对低压绕组及地的电容量 $A = C_1 + C_{12}$，低压绕组对高压绕组及地的电容量 $B = C_2 + C_{12}$，高压绕组、低压绕组整体对地的电容量 $C = C_1 + C_2$，则可推导出

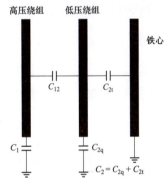

图 5-1 变压器电容等效电路图

$$\begin{cases} C_1 = (A + C - B)/2 \\ C_2 = (B + C - A)/2 \\ C_{12} = (A + B - C)/2 \end{cases} \tag{5-1}$$

根据公式计算出的各部分的等效电容量如表 5-3 所示。

表 5-3 各 部 分 的 等 效 电 容

试验日期	试验项目	计算值		
		C_1	C_2	C_{12}
2018 年 10 月 31 日（22℃）	电容量（nF）	3.19	10.67	5.38
	与 2013 年值偏差（%）	−0.34	12.20	−0.20
	与 2008 年值偏差（%）	−0.78	12.56	−0.07
2013 年 6 月 2 日（25℃）	电容量（nF）	3.20	9.51	5.39
	与 2008 年值偏差（%）	−0.44	0.32	0.13
2008 年 9 月 30 日（28℃）	电容量（nF）	3.21	9.48	5.38

可见 2018 年与 2013 年相比，低压绕组对地电容量 C_2 增加了 1.16nF（12.20%），可初步判断为低压绕组变形。于是使用正接线进行了测试，见表 5-4。

表 5-4　　　　　　　　　　主变压器本体电容量（正接线法）

试验日期	试验项目	测 试 值	
		高压—低压（C_{12}）	低压—铁心（C_{2t}）
2018 年 11 月 1 日（24℃）	电容量（nF）	5.370	8.435
	介质损耗因数 $\tan\delta$（%）	0.247	0.247

由测试结果可见正接线高压—低压与表 5-3 的 C_{12} 值基本一致，说明换算原理正确。结合绕组短路时所受电磁力，低压绕组会向内收缩，会导致与铁心距离变近，从而导致电容量变大，故初步判断绕组发生了变形，且发生在低压绕组。

计算得 $C_{2q} = C_2 - C_{2t} = 2.24\text{nF}$，若 1.16nF 的增量发生在 C_{2q} 上，则 C_{2q} 由 2013 年的 1.08nF，增大了 1.16nF，超过 100%，由绕组结构，C_{2q} 主要由三相低压绕组顶部和底部绕组对外壳和夹件、绕组引线对外壳组成，组成很分散，要变化超过 100%，概率很小。故 1.16nF 的增量主要发生在低压绕组对铁心（C_{2t}）上，且 $C = \varepsilon \dfrac{S}{d}$，由于低压绕组与铁心的相对面积一般基本不变，可知电容量的改变主要由于低压绕组和铁心之间的距离变小，这也符合主变压器遭受冲击时低压绕组受到辐向力是向内的特点。从电容量，基本可以判断低压绕组发生了变形。

（二）低电压短路阻抗试验

短路阻抗历次数据对比见表 5-5。

表 5-5　　　　　　　　　　短路阻抗历次数据对比

试验日期	挡位	试验项目	测 试 值				
			A 相	B 相	C 相	平均值	最大三相互差
2018 年 10 月 31 日（22℃）	极限正分接（1 挡）	阻抗值（Ω）	41.47	43.34	40.88	41.90	6.02%
		与 2013 年值偏差（%）	0.70	2.51	0.99	1.41	—
		与铭牌值偏差（%）	—	—	—	0.14	—
	额定分接（9 挡）	阻抗值（Ω）	32.428	33.66	31.91	32.67	5.48%
		与 2013 年值偏差（%）	1.04	2.65	1.04	1.59	—
		与铭牌值偏差（%）	—	—	—	1.30	—
	极限负分接（17 挡）	阻抗值（Ω）	25.61	26.51	25.21	25.78	5.16%
		与 2013 年值偏差（%）	0.59	2.87	0.97	1.49	—
		与铭牌值偏差（%）	—	—	—	1.54	—

续表

试验日期	挡位	试验项目	测 试 值				
			A 相	B 相	C 相	平均值	最大三相互差
2013 年 6 月2 日（25℃）	极限正分接（1 挡）	阻抗值（Ω）	41.18	42.28	40.48	41.31	4.45%
		与铭牌值偏差（%）	—	—	—	−1.25	—
	额定分接（9 挡）	阻抗值（Ω）	32.095	32.791	31.581	32.16	3.83%
		与铭牌值偏差（%）	—	—	—	−0.28	—
	极限负分接（17 挡）	阻抗值（Ω）	25.46	25.77	24.968	25.40	3.21%
		与铭牌值偏差（%）	—	—	—	0.06	—

通过前文的分析可知，关于短路阻抗磁路计算的基本介绍工程上经常采用磁路计算方法计算短路阻抗，其基本原理为通过计算漏磁通 ϕ_s，然后通过 $X_s = W \times \dfrac{\mathrm{d}\phi_s}{\mathrm{d}t} / I$ 得到漏电抗。理想情况下绕组为完全水平，不与辐向磁通相交链，故仅需考虑轴向磁场，引入洛氏系数 ρ：在绕组电抗高度 h 上轴向磁通的磁压降与磁动势之比，即磁动势为 IW 时，在电抗高度 h 上的磁压降为 ρIW，由于磁场强度 H 与磁路长度 L 之积为磁压降，故磁感应强度 $B = \mu_0 \rho IW / h$。漏抗的经验公式为

$$X_L = 2\pi f \frac{2W_m}{I_m^2} = \frac{4\pi^2 f \mu_0 W_2^2 \rho}{h} \sum D \left(\sum D = \frac{1}{3} a_1 r_1 + \frac{1}{3} a_2 r_2 + a_{12} r_{12} \right)$$

根据漏抗的经验公式有以下分析：

（1）B 相 2018 年和 2013 年阻抗值正偏差 1.41%（9 挡），两次使用的仪器相同、测试方法也相同，而通过漏抗的经验公式可知，漏抗与绕组高度 h 负相关，与等效交链面积 ΣD 正相关，ΣD 与高、低压绕组之间的等效距离 a_{12} 正相关，故绕组遭受冲击导致变形时的发展趋势为：

1）轴向：高、低压绕组均向内压缩（h 减小）；

2）辐向：高压绕组向外扩张，低压绕组向内收缩（a_{12} 变大）；

3）绕组变形时往往伴随短路阻抗增大。

本次试验中短路阻抗变大，也符合绕组变形的规律。

（2）假设绕组发生了均匀变形——即仅有 ΣD 发生了变化，设变形量为 ΔD，则漏抗增量为 $\Delta X_L = \dfrac{4\pi^2 f \mu_0 W_2^2 \rho}{h} \Delta D$，若该挡位为额定挡（变比为 k_e），则调节挡位后（变比为 k_t），匝数比 $\dfrac{W_t}{W_e} = \dfrac{k_t}{k_e}$，$W_e$、$W_t$ 分别为调挡侧绕组额定挡匝数和调挡后匝数，故该挡位的漏抗增量应为 $\Delta X'_L = \left(\dfrac{W_t}{W_e} \right)^2 \Delta X_L$，$\Delta X_L$、$\Delta X'_L$ 分别为调挡前、调挡后绕组变形导致的漏抗的增量。实际中，考虑变形的不均匀，同时 D 的变化会导致 ρ 的变化（ρ 的变化方向与 D 相反），不

同挡位漏抗的增量比应当为 $\left(\dfrac{W_t}{W_e}\right)^2$ 左右。

本案例中主变压器的额定电压为 $110\pm1.25\times8\%/10.5\text{kV}$，故漏抗增量比的理论值为 $\left(\dfrac{W_1}{W_9}\right)^2=1.21$，$\left(\dfrac{W_{17}}{W_9}\right)^2=0.81$。对表 5-5 中 2013 年和 2018 年两次短路阻抗的增量进行比值计算得

B 相：$\dfrac{\Delta X_{L1}}{\Delta X_{L9}}=\dfrac{X_{L1-2018}-X_{L1-2013}}{X_{L9-2018}-X_{L9-2013}}=1.22$，$\dfrac{\Delta X_{L17}}{\Delta X_{L9}}=\dfrac{X_{L17-2018}-X_{L17-2013}}{X_{L9-2018}-X_{L9-2013}}=0.85$

C 相：$\dfrac{\Delta X_{L1}}{\Delta X_{L9}}=\dfrac{X_{L1-2018}-X_{L1-2013}}{X_{L9-2018}-X_{L9-2013}}=1.216$，$\dfrac{\Delta X_{L17}}{\Delta X_{L9}}=\dfrac{X_{L17-2018}-X_{L17-2013}}{X_{L9-2018}-X_{L9-2013}}=0.74$

ΔX_{L1}、ΔX_{L9}、ΔX_{L17} 分别为 1、9、17 挡时，由于绕组变形导致的短路阻抗增量，$X_{L1-2013}$、$X_{L9-2013}$、$X_{L17-2013}$ 分别为 2013 年测试时 1、9、17 挡的短路阻抗值，$X_{L1-2018}$、$X_{L9-2018}$、$X_{L17-2018}$ 分别为 2018 年测试时 1、9、17 挡的短路阻抗值。

与理论值接近，说明从短路阻抗数据可以看出绕组确实发生了变形。

综合（1）（2）分析，从短路阻抗数据，可以判断主变压器 B、C 两相绕组在 2013—2018 年之间发生了变形（通过 2013 年数据分析，2013 年试验时，主变压器可能已经存在变形，但是可以确定 2013—2018 年之间有新的变形产生）。

（三）频率响应试验

（1）2018 年 10 月 31 日对此变压器进行频率响应试验，试验温度为 20℃，油温为 20℃。低压绕组频率响应特征曲线如图 5-2 所示。

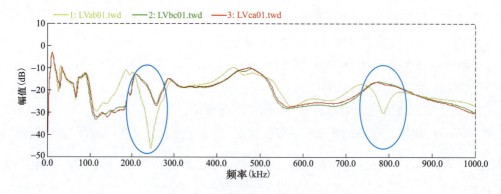

图 5-2　低压绕组频率响应特征曲线

图 5-2 中，LVab01.twd 代表低压绕组 ab 预防性试验；LVbc01.twd 代表低压绕组 bc 预防性试验；LVca01.twd 代表低压绕组 ca 预防性试验。

低压绕组相关系数分析结果见表 5-6。

表 5-6 低压绕组相关系数分析结果

相关系数	低频段（1～100kHz）	中频段（100～600kHz）	高频段（600～1000kHz）
R_{21}	0.95	0.38	0.14
R_{31}	1.07	0.41	0.20
R_{32}	1.71	2.09	1.73

（2）2013 年 6 月 2 日对此变压器进行频率响应试验，试验温度为 28℃，油温为 29℃。低压绕组频率响应特征曲线如图 5-3 所示。

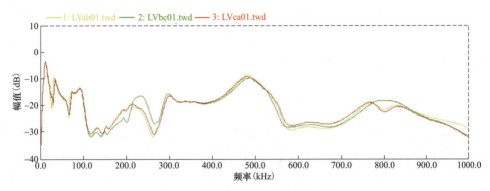

图 5-3 低压绕组频率响应特征曲线

低压绕组相关系数分析结果见表 5-7。

表 5-7 低压绕组相关系数分析结果

相关系数	低频段（1～100kHz）	中频段（100～600kHz）	高频段（600～1000kHz）
R_{21}	1.10	1.19	1.23
R_{31}	1.12	2.36	1.03
R_{32}	2.51	1.25	1.13

（3）2008 年 9 月 30 日对此变压器进行频率响应试验，试验温度为 28℃，油温为 29℃。低压绕组频率响应特征曲线如图 5-4 所示。

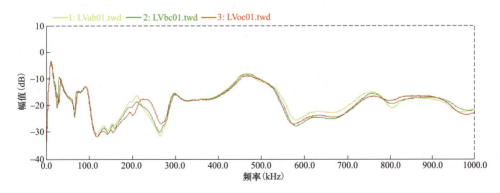

图 5-4 低压绕组频率响应特征曲线

表5-8　　　　　　　　　　　　低压绕组相关系数分析结果

相关系数	低频段（1～100kHz）	中频段（100～600kHz）	高频段（600～1000kHz）
R_{21}	1.12	1.88	1.03
R_{31}	2.59	1.16	0.96
R_{32}	1.11	1.53	1.40

分析：2018年图形与前两次对比可以看出 ab 端子测试的图形（绕组1，黄色图形）发生了明显的波谷的位移和幅值的改变。同时相关系数显示 ab 端子测试的图形与其他相的图形的相关系数发生了明显的下降（R_{21} 和 R_{31}），仅从频率响应测试结果，基本可以判断绕组发生了变形。由于低压侧是三角形接线，联结组别为 YNd11，ab 端子主要受低压 B 相绕组影响。说明 B 相低压绕组发生了变形。

（四）油色谱试验

2013年至今油化验数据无明显异常和变化，数据如表5-9所示。

表5-9　　　　　　　　　　　油 色 谱 试 验 数 据　　　　　　　　　　μL/L

日期	H_2	CO	CO_2	CH_4	C_2H_4	C_2H_6	C_2H_2	总烃
2008 年 10 月 10 日	12.32	428.55	1990.49	6.09	6.60	1.14	0.13	13.88
2009 年 6 月 4 日	8.84	310.92	1961.76	4.80	7.72	1.19	0.10	13.81
2010 年 6 月 9 日	8.22	279.10	2035.20	7.25	8.12	2.10	0.10	17.57
2011 年 6 月 15 日	21.78	418.25	2535.76	11.62	9.39	3.72	0.18	24.91
2013 年 6 月 2 日	45.40	592.14	2853.86	21.95	11.26	6.23	0.23	39.67
2014 年 6 月 16 日	13.44	520.92	2792.76	18.65	14.99	6.24	0.11	39.99
2015 年 6 月 1 日	11.84	724.28	3157.69	21.80	17.49	6.68	0.11	46.08
2016 年 6 月 14 日	7.92	645.50	3149.07	21.51	17.89	6.88	0.11	46.41
2017 年 6 月 15 日	4.21	618.47	2987.73	21.90	17.85	7.48	0.09	47.32
2018 年 7 月 4 日	1.81	321.55	1971.59	14.73	12.09	5.43	0.10	32.34

（五）试验结论

综上，结合电容量、低电压短路阻抗、绕组频率响应测试试验的结果，可以判断低压绕组 B、C 相绕组发生变形，且 B 相较为严重。2018年10月31日，在对某变电站1号主变压器进行例行试验时，发现电容量、短路阻抗存在异常，综合绕组频率响应数据，判断绕组存在变形。

三、变压器解体检查

在例行试验发现电容量不合格、初步诊定为绕组变形后，将该站1号变压器及时返厂进行解体检查，分别将每一个绕组拔出，检查绕组情况。检查发现，铁心及高压绕组未出线异常情况，而压板出现裂纹，低压绕组变形严重，如图5-5、图5-6所示。

图5-5 变压器绕组上部层压木板裂纹

图5-6 低压绕组内凹外凸变形

第二节 绕组变形案例2

一、设备简况

设备铭牌参数见表5-10。

表5-10 设 备 铭 牌 参 数

型号	SFZ11-40000/110	频率（Hz）	50
额定容量（kVA）	40000/40000	相数	3
额定电压（kV）	110±8×1.25%/10.5	空载电流（%）	0.10
额定电流（A）	209.9/2199	空载损耗（kW）	24.6
联结组标号	YNd11	负载损耗（kW）	145.89
制造编号	03093301	短路阻抗（%）	10.40
出厂日期	2003年11月		
总重（kg）	59700		

二、试验情况

（一）电容量试验

××站 1 号主变压器本体电容量历次数据对比见表 5-11。

表 5-11　　　　　　　　　××站 1 号主变压器本体电容量历次数据对比

试验日期	试验项目	测试值		
		高压—低压及地	低压—高压及地	高压、低压—地
2022 年 3 月 1 日（15℃）	电容量（nF）	10.21	18.42	15.73
	介质损耗因数 tanδ（%）	0.22	0.20	0.22
	电容量与 2017 年值偏差（%）	0.69	4.19	5.01
	电容量与 2014 年值偏差（%）	0.00	4.36	5.08
	电容量与 2011 年值偏差（%）	0.20	4.84	—
	电容量与 2009 年值偏差（%）	0.69	5.14	—
2017 年 11 月 3 日（20℃）	电容量（nF）	10.14	17.68	14.98
	介质损耗因数 tanδ（%）	0.26	0.23	0.25
	电容量与 2014 年值偏差（%）	−0.69	0.17	0.07
2014 年 3 月 3 日（24℃）	电容量（nF）	10.21	17.65	14.97
	介质损耗因数 tanδ（%）	0.24	0.22	0.24
2011 年 7 月 23 日	电容量（nF）	10.19	17.57	—
	介质损耗因数 tanδ（%）	0.23	0.23	—
2009 年 3 月 31 日	电容量（nF）	10.14	17.52	—
	介质损耗因数 tanδ（%）	0.24	0.30	—

电容量换算后，结果如表 5-12 所示。

由表 5-12 的分解等效电容历次试验数据的变化可知，2022 年试验数据与 2017 年和 2014 年相比，低压绕组对地的电容量上升：与 2014 年相比增大 6.88%，与 2017 年相比增大 6.31%。从绕组之间及绕组对地电容形成原理上可以看出，低压绕组对地电容量变大，表示低压绕组与铁心等接地体距离变近，等效半径大幅减小，或低压绕组上下部对夹件或引线对外壳位移。可以确定低压绕组存在变形。

表 5-12　　　　　　　　　　××变电站 1 号主变压器各部分计算等效电容

试验日期	试验项目	计算值		
		C_1	C_2	C_{12}
2022 年 3 月 1 日（15℃）	电容量（nF）	3.76	11.97	6.45
	与 2017 年值偏差（%）	1.08	6.31	0.47
	与 2014 年值偏差（%）	−0.27	6.88	0.00
2017 年 11 月 3 日（20℃）	电容量（nF）	3.72	11.26	6.42
	与 2014 年值偏差（%）	−1.33	0.54	−0.47
2014 年 3 月 3 日（24℃）	电容量（nF）	3.77	11.20	6.45

（二）低电压短路阻抗试验

××1 号主变压器短路阻抗历次数据对比见表 5-13。

表 5-13　　　　　　　　　××1 号主变压器短路阻抗历次数据对比

试验日期	挡位	试验项目	测 试 值				
			A 相	B 相	C 相	平均值	最大三相互差
2022 年 3 月 1 日（15℃）	极限正分接（1 挡）	阻抗值（Ω）	40.06	42.25	41.16	41.16	5.47%
		与 2017 年值偏差（%）	−0.30	1.44	0.29	0.49	—
	额定分接（9 挡）	阻抗值（Ω）	30.98	32.20	31.78	31.65	3.94%
		与 2017 年值偏差（%）	−0.06	1.45	0.28	0.56	—
		与 2017 年偏差绝对值（Ω）	−0.02	0.46	0.09	0.18	—
		与铭牌值偏差（%）	—	—	—	0.6	
	极限负分接（17 挡）	阻抗值（Ω）	24.34	25.08	25.00	24.81	3.04%
		与 2017 年值偏差（%）	0.00	1.42	0.56	0.66	—
2017 年 11 月 3 日（20℃）	极限正分接（1 挡）	阻抗值（Ω）	40.18	41.65	41.04	40.96	3.66%
		与 2014 年值偏差（%）	—	—	—	0.20	

试验日期	挡位	试验项目	测 试 值				
			A 相	B 相	C 相	平均值	最大三相互差
2017 年 11 月 3 日（20℃）	额定分接（9 挡）	阻抗值（Ω）	31.00	31.74	31.69	31.48	2.39%
		与 2014 年值偏差（%）	—	—	—	0.09	—
		与铭牌值偏差（%）	—	—	—	0.10	—
	极限负分接（17 挡）	阻抗值（Ω）	24.34	24.73	24.86	24.64	2.14%
		与 2014 年值偏差（%）	—	—	—	0.16	—
2014 年 3 月 3 日（24℃）	极限正分接（1 挡）	阻抗值（Ω）	—	—	—	40.88	—
	额定分接（9 挡）	阻抗值（Ω）	—	—	—	31.45	—
		与铭牌值偏差（%）	—	—	—	0.03	—
	极限负分接（17 挡）	阻抗值（Ω）	—	—	—	24.60	—

2022 年相比 2017 年低电压短路阻抗数据增量如表 5-14 所示。

表 5-14　　　　　　　　　2022 年相比 2017 年低电压短路阻抗数据增量　　　　　　　　　Ω

增量	1 挡	9 挡	17 挡
A 相	−0.12	0.02	0
B 相	0.60	0.46	0.35
C 相	0.12	0.09	0.14

对于 B 相：$\dfrac{\Delta X_{L1}}{\Delta X_{L9}} = \dfrac{X_{L1-2022} - X_{L1-2017}}{X_{L9-2022} - X_{L9-2017}} = 1.3$，$\dfrac{\Delta X_{L17}}{\Delta X_{L9}} = \dfrac{X_{L17-2022} - X_{L17-2017}}{X_{L9-2022} - X_{L9-2017}} = 0.76$，而根

据铭牌变比有 $\left(\dfrac{W_1}{W_9}\right)^2 = 1.21$，$\left(\dfrac{W_{17}}{W_9}\right)^2 = 0.81$。通过前述案例 1 可知 B 相基本符合变形的特征。

（三）油中溶解气体分析

油色谱试验数据见表 5-15。

表 5-15　　　　　　　　　　　　油 色 谱 试 验 数 据　　　　　　　　　　　　μL/L

日期	H_2	CO	CO_2	CH_4	C_2H_4	C_2H_6	C_2H_2	总烃
2009 年 3 月 31 日	0	14.03	283.9	0.36	0.1	0	0	0.46
2009 年 4 月 4 日	1.7	23.79	269.05	0.41	0.15	0.05	0	0.61

续表

日期	H_2	CO	CO_2	CH_4	C_2H_4	C_2H_6	C_2H_2	总烃
2009 年 4 月 7 日	0.5	40.63	437.55	0.51	0.27	0.07	0	0.85
2009 年 4 月 13 日	0.96	48.5	582.08	0.62	0.43	0	0	1.05
2009 年 5 月 3 日	2.72	98.77	1121.04	0.92	1.22	0	0	2.14
2009 年 7 月 30 日	19.06	453.95	3697.94	3.94	5.55	1.96	0	11.45
2010 年 7 月 19 日	6.42	345.55	1962.52	2.89	3.85	0.4	0.13	7.27
2010 年 7 月 22 日	4.25	347.61	2045.08	2.97	3.9	0.4	0.12	7.39
2010 年 9 月 29 日	1.11	427.34	2200.66	3.26	4.5	0.44	0.22	8.4
2010 年 10 月 11 日	3.25	354.72	1846.05	3.15	4.13	0.41	0.2	7.89
2011 年 3 月 28 日	6.04	328.62	1390.18	3.49	3.89	0.45	0.17	8
2011 年 7 月 24 日	7.92	483.99	2369.2	5.4	7.66	0.86	0.42	14.34
2011 年 9 月 14 日	2.25	234.91	1740.8	3.88	6.2	0.74	0.28	11.1
2012 年 3 月 22 日	11.43	663.66	2776.13	7.31	10.01	1.3	0.34	18.96
2012 年 4 月 9 日	12.21	704.81	3080.26	7.77	10.75	1.39	0.38	20.29
2012 年 10 月 16 日	7.6	576.33	2685.06	10.77	15.62	2.04	0.44	28.87
2013 年 10 月 15 日	2.63	382.82	2311.2	7.12	12.21	1.66	0.34	21.33
2014 年 3 月 3 日	12.09	1118.42	3355.56	12.39	17.18	2.29	0.47	32.33
2014 年 10 月 15 日	7.07	790.16	2791.27	10.96	16.07	1.98	0.57	29.58
2014 年 11 月 27 日	8.44	886.87	2808.46	11.14	15.55	2.11	0.44	29.24
2015 年 10 月 16 日	9.29	1084.69	3886.4	14.48	21.46	3.1	0.65	39.7
2016 年 11 月 21 日	4.4	765.74	3322.16	12.35	18.99	2.55	0.56	34.44
2017 年 11 月 3 日	7.03	1145.39	3232.97	13.94	19.26	2.61	0.61	36.42
2017 年 11 月 29 日	6.35	982.31	3548.81	13.47	19.17	2.49	0.54	35.68
2018 年 6 月 9 日	7.14	1113.55	4056.55	15.19	21.98	3	0.9	41.05
2018 年 10 月 10 日	12.92	1097.3	3789.8	14.54	20.94	3	0.74	39.22
2019 年 10 月 12 日	6.94	994.78	3465.16	13.69	19.36	2.66	0.64	36.35
2020 年 9 月 24 日	4.26	806.83	3704.21	12.82	20.01	2.71	0.77	36.33
2021 年 11 月 2 日	5.85	1144.21	3951.72	15.29	22.83	2.97	0.81	41.9
2022 年 3 月 1 日	5.41	1174.12	3970.47	17.25	23.98	3.33	0.84	45.4

从数据可以看出，烃类随运行年限逐步增加，但 C_2H_2 由于产生需要的能量高，正常运行中，并不会随运行年限增加，乙炔的产生一定是由于温度达到了产生条件。通过分析历年 C_2H_2 数据，可以发现，C_2H_2 逐年增加，在 2018 年 6 月 9 日达到最大值后逐年下降，分

析三比值，2018 年 6 月 9 日数据减去 2017 年 11 月 29 日数据差值如表 5-16 所示。

表 5-16 　　　　　　2018 年 6 月 9 日数据减去 2017 年 11 月 29 日数据差值　　　　　μL/L

数据	H_2	CH_4	C_2H_4	C_2H_6	C_2H_2
差值	0.79	1.72	2.81	0.51	0.36

计算三比值为 122，电弧放电兼过热。由于 H_2 和 CH_4 增量绝对值较小，三比值中的过热故障不一定存在。可以确定主变压器 2018 年 6 月 9 日前发生过电弧放电故障，但由于产气速率较低，故障的烈度和面积并不大。

（四）试验结论

综上，通过短路阻抗和电容量数据，可以确定低压 B 相绕组存在较为明显的变形。下一步措施及建议：

（1）进行主变压器长时感应耐压及局部放电试验，进一步诊断其绝缘状态。若在规定的激发和测量电压下，局部放电均合格，则说明主变压器绕组绝缘遭受破坏较小，绝缘裕度足够。

（2）主变压器继续承受短路冲击的能力处于不确定状态，其电容量改变较大，主变压器内部存在明显及以上变形，综合考虑，主变压器应及时停电检修。

（3）对抗短路能力薄弱的变压器进行改造，加强抗短路能力，或者在低压侧加装限流电抗器，降低低压侧发生短路时绕组所承受的电动力，确保变压器安全、良好、稳定运行。

三、变压器解体检查

该主变压器未投入运行，并于 2023 年返厂解体，解体情况如下：低压绕组 B、C 相存在变形，B 相较为严重。

解体 B 相变形实物图如图 5-7 所示。

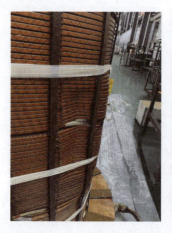

图 5-7　解体 B 相变形实物图

第三节 绕组变形案例 3

一、设备简况

该主变压器 2006 年在×站投运，后因故障绕组损坏进行返厂大修，2008 年 11 月重新出厂。并于 2009 年在现变电站作为 2 号主变压器投入运行，其绕组布置为从外向内分别为调压绕组、高压绕组、低压绕组。

设备铭牌参数见表 5-17。

表 5-17 设 备 铭 牌 参 数

型号	SFZ9-40000/110	频率（Hz）		50
额定容量（kVA）	40000/40000	相数		3
额定电压（kV）	110±8×1.25%/10.5	空载电流（%）		0.16
额定电流（A）	209.9/2199	空载损耗（kW）		29.16
联结组别号	YNd11	负载损耗（kW）		146.84
出厂序号	05100501	短路阻抗（%）	极限正分接	10.93
出厂日期	2006 年 1 月		额定分接	10.6
总重（kg）	54740		极限负分接	10.46

二、试验情况

（一）电容量试验

××站 2 号主变压器本体电容量历次数据对比见表 5-18，各部分计算等效电容见表 5-19，电容出厂值和交接值见表 5-20。

表 5-18 ××站 2 号主变压器本体电容量历次数据对比

试验日期	试验项目	测试值		
		高压—低压及地	低压—高压及地	高压、低压—地
2024 年 3 月 11 日	电容量（nF）	8.43	16.62	14.66
	电容量与 2022 年值偏差（%）	−0.12	1.22	1.45
	电容量与 2021 年值偏差（%）	−0.24	1.22	2.16
	电容量与 2016 年值偏差（%）	−0.24	5.12	6.08
	电容量与 2014 年值偏差（%）	−0.12	5.46	6.47

续表

试验日期	试验项目	测试值		
		高压—低压及地	低压—高压及地	高压、低压—地
2022 年 7 月 16 日	电容量（nF）	8.44	16.42	14.45
	电容量与 2021 年值偏差（%）	−0.12	0.00	0.70
2022 年 7 月 16 日	电容量与 2016 年值偏差（%）	−0.12	3.86	4.56
	电容量与 2014 年值偏差（%）	0.00	4.19	4.94
	电容量与 2012 年值偏差（%）	−0.12	4.59	9.47
2021 年 5 月 26 日	电容量（nF）	8.45	16.42	14.35
	电容量与 2016 年值偏差（%）	0.00	3.86	3.84
	电容量与 2014 年值偏差（%）	0.12	4.19	4.21
	电容量与 2012 年值偏差（%）	0.00	4.59	8.71
2016 年 3 月 16 日	电容量（nF）	8.45	15.81	13.82
2014 年 11 月 4 日	电容量（nF）	8.44	15.76	13.77
2012 年 12 月 27 日	电容量（nF）	8.45	15.70	13.20
2009 年 1 月 15 日	电容量（nF）	8.43	15.34	未测
2008 年 4 月 22 日	电容量（nF）	8.46	15.92	未测

表 5-19　　　　　　　　　　　××站 2 号主变压器各部分计算等效电容

试验日期	试验项目	计算值		
		C_1	C_2	C_{12}
2024 年 3 月 11 日	电容量（nF）	3.23	11.43	5.19
	与 2022 年值偏差（%）	−0.31	1.87	−0.38
	与 2021 年值偏差（%）	1.25	2.42	−1.33
	与 2016 年值偏差（%）	0.00	7.93	−0.57
	与 2014 年值偏差（%）	0.31	8.34	−0.38
	与 2012 年值偏差（%）	8.75	11.73	−5.11
2022 年 7 月 16 日	电容量（nF）	3.24	11.22	5.21
	与 2021 年值偏差（%）	1.57	0.54	−0.95
	与 2016 年值偏差（%）	0.31	5.95	−0.19
	与 2014 年值偏差（%）	0.62	6.35	0.00
	与 2012 年值偏差（%）	9.09	9.68	−4.75
2021 年 5 月 26 日	电容量（nF）	3.19	11.16	5.26
	与 2016 年值偏差（%）	−1.24	5.38	0.77
	与 2014 年值偏差（%）	−0.93	5.78	0.96
	与 2012 年值偏差（%）	7.41	9.09	−3.84
2016 年 3 月 16 日	电容量（nF）	3.23	10.59	5.22
2014 年 11 月 4 日	电容量（nF）	3.22	10.55	5.21
2012 年 12 月 27 日	电容量（nF）	2.97	10.23	5.47

表 5-20　　　　　　　　　　××站 2 号主变压器电容出厂值和交接值　　　　　　　　　　nF

换算前	出厂值	交接值
高压—低压及地	8.698	8.394
低压—高压及地	15.630	15.945
高压、低压—地	13.630	14.030
换算后	出厂值	交接值
C_{10}	3.349	3.240
C_{20}	10.281	10.791
C_{12}	5.349	5.155

由电容量数据可以看出：

（1）主变压器在交接时电容量就较出厂电容值发生了较大改变，有两种可能：

1）两次数据之一的测试过程存在问题；

2）运输过程中绕组发生了位移。C_{20} 变大，C_{12} 变小，可能低压绕组向靠近铁心方向发生了位移。

（2）2012 年 12 月 27 日—2024 年 3 月 11 日电容量频繁发生明显变化，分析可能原因为：

1）返厂维修时固定绕组的工艺有问题，绕组抗短路冲击能力低；

2）该主变压器负荷主要供向炼钢厂，主变压器多次遭受短路冲击导致反复变形。其中比较明显的是 2014 年与 2012 年相比 C_{10}、C_{20}、C_{12} 均发生了变化，2021 年与 2016 年相比 C_{20} 发生了明显变化，2024 年与 2021 年相比又增加了 1.87%，表明绕组变形在不断发展。

（二）低电压短路阻抗试验

短路阻抗历次数据对比见表 5-21。

表 5-21　　　　　　　　　　短路阻抗历次数据对比

试验日期	挡位	试验项目	测试值				
			A 相	B 相	C 相	平均值	最大三相互差
2024 年 3 月 12 日	极限正分接	阻抗值（Ω）	41.81	43.86	41.34	42.34	6.1%
		与 2022 年值偏差（%）	0.02	0.37	0.05	0.17	—
		与铭牌值偏差（%）	—	—	—	5.82	—
2022 年 7 月 16 日	极限正分接	阻抗值（Ω）	41.80	43.70	41.32	42.27	5.76%
		与 2017 年值偏差（%）	0.19	0.05	0.05	0.09	—
		与铭牌值偏差（%）	—	—	—	5.66	—
	额定分接	阻抗值（Ω）	32.69	33.89	32.19	32.92	5.28%
		与 2017 年值偏差（%）	0.06	−0.06	−0.16	−0.06	—

续表

试验日期	挡位	试验项目	测试值				
			A 相	B 相	C 相	平均值	最大三相互差
2022 年 7 月 16 日	额定分接	与铭牌值偏差（%）	—	—	—	2.66	—
	极限负分接	阻抗值（Ω）	25.81	26.73	25.44	25.99	5.07%
		与 2017 年值偏差（%）	−0.04	0.11	−0.08	0.00	—
		与铭牌值偏差（%）	—	—	—	1.41	—
2021 年 5 月 26 日	极限正分接	阻抗值（Ω）	41.72	43.68	41.3	42.23	5.76%
		与 2016 年值偏差（%）	−0.19	1.20	−0.10	0.31	—
		与铭牌值偏差（%）	—	—	—	5.56	—
	额定分接	阻抗值（Ω）	32.67	33.91	32.24	32.94	5.18%
		与 2016 年值偏差（%）	−0.15	1.25	−0.06	0.37	—
		与铭牌值偏差（%）	—	—	—	2.71	—
	极限负分接	阻抗值（Ω）	25.82	26.7	25.46	25.99	4.87%
		与 2016 年值偏差（%）	−0.15	1.25	0.04	0.39	—
		与铭牌值偏差（%）	—	—	—	1.42	—
2016 年 3 月 16 日	极限正分接	阻抗值（Ω）	41.8	43.16	41.34	42.10	4.40%
		与 2014 年值偏差（%）	−0.21	0.05	0.07	−0.02	—
		与铭牌值偏差（%）	—	—	—	5.22	—
	额定分接	阻抗值（Ω）	32.72	33.49	32.26	32.82	3.81%
		与 2014 年值偏差（%）	−0.09	0.03	0.00	−0.03	—
		与铭牌值偏差（%）	—	—	—	2.35	—
	极限负分接	阻抗值（Ω）	25.86	26.37	25.45	25.89	3.61%
		与 2014 年值偏差（%）	−0.08	0.04	−0.04	−0.04	—
		与铭牌值偏差（%）	—	—	—	1.03	—
2014 年 11 月 4 日	极限正分接	阻抗值（Ω）	41.89	43.14	41.31	42.11	4.43%
		与 2012 年值偏差（%）	0.41	0.30	0.36	0.36	—
		与铭牌值偏差（%）	—	—	—	5.26	—
	额定分接	阻抗值（Ω）	32.75	33.48	32.26	32.83	3.78%
		与 2012 年值偏差（%）	0.46	0.48	−0.65	0.09	—
		与铭牌值偏差（%）	—	—	—	2.37	—
	极限负分接	阻抗值（Ω）	25.88	26.36	25.46	25.90	3.53%

续表

试验日期	挡位	试验项目	测试值				
			A 相	B 相	C 相	平均值	最大三相互差
2014 年 11 月 4 日	极限负分接	与 2012 年值偏差（%）	0.50	0.38	0.24	0.39	—
		与铭牌值偏差（%）	—	—	—	1.05	—
2012 年 12 月 7 日	极限正分接	阻抗值（Ω）	41.72	43.01	41.16	41.96	4.49%
		与铭牌值偏差（%）				4.88	
	额定分接	阻抗值（Ω）	32.6	33.32	32.47	32.80	2.62%
		与铭牌值偏差（%）				2.27	
	极限负分接	阻抗值（Ω）	25.75	26.26	25.4	25.80	3.39%
		与铭牌值偏差（%）				0.68	

（1）三相短路阻抗数据 2016 年与 2014 年数据基本无变化（在 0.1Ω 以内），与电容量数据变化趋势相同；2022 年与 2021 年数据基本无变化（在 0.1Ω 以内），与电容量数据变化趋势相同。

（2）三相短路阻抗数据 2014 年数据较 2012 年数据均发生了 0.15Ω 左右的变化，但逻辑不明显。电容量数据 2014 年与 2012 年均发生了明显变化，因此基本可以确定 2014 年较 2012 年，绕组发生了变形，但内在逻辑不明确。

（3）三相短路阻抗数据 2021 年数据较 2016 年数据发生明显变化，且有比较明显的逻辑，分析如下：

2021 年相比 2016 年短路阻抗数据增量如表 5-22 所示。

表 5-22 **2021 年相比 2016 年短路阻抗数据增量** Ω

增量	A 相	B 相	C 相
1 挡	−0.08	0.52	−0.04
9 挡	−0.05	0.42	−0.02
17 挡	−0.04	0.33	0.01

对于 B 相：$\dfrac{\Delta X_{L1}}{\Delta X_{L9}} = \dfrac{X_{L1-2021} - X_{L1-2016}}{X_{L9-2021} - X_{L9-2016}} = 1.24$，$\dfrac{\Delta X_{L17}}{\Delta X_{L9}} = \dfrac{X_{L17-2021} - X_{L17-2016}}{X_{L9-2021} - X_{L9-2016}} = 0.79$，而根据铭牌变比有 $\left(\dfrac{W_1}{W_9}\right)^2 = 1.21$，$\left(\dfrac{W_{17}}{W_9}\right)^2 = 0.81$。通过前述案例 1 可知 B 相符合遭受短路冲击后变形的特征。

结合电容量 2021 年比 2016 年，C_{20} 增大较多，低压与地之间的距离变近，与短路阻抗可以互相印证。

（4）从表 5-22 中可以直观看出 A、C 相数据出厂值及相互之间均偏差不大，且随时间发展未表现出增长趋势，A、C 相各挡位数据 2014、2016、2021、2022、2024 年几乎完全一致，说明 A、C 相绕组状态在 2014—2024 年间基本未发生改变。由于 2024 年 3 月 12 日调压开关损坏，故仅完成了最大挡位的测试，从最大挡位来看，B 相与 2022 年发生了 0.16Ω 的增长，增长较小，但对比 A、C 相的变化，是可以印证电容量 2024 年与 2022 年发生 1.9% 变化的，说明主变压器绕组变形程度在加剧。

（三）频率响应试验

高压绕组频率效应试验数据无明显异常。以下分析低压绕组频率效应试验数据。

（1）2009 年 1 月 15 日对此变压器进行频率响应试验，油温为 9℃。低压绕组频率响应特征曲线如图 5-8 所示。

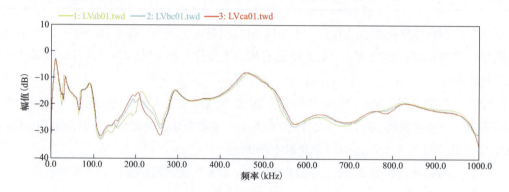

图 5-8　低压绕组频率响应特征曲线

图 5-8 中，LVab01.twd 代表低压绕组 ab 预防性试验；LVbc01.twd 代表低压绕组 bc 预防性试验；LVca01.twd 代表低压绕组 ca 预防性试验。

低压绕组相关系数分析结果见表 5-23。

表 5-23　　　　　　　　　　　低压绕组相关系数分析结果

相关系数	低频段（1～100kHz）	中频段（100～600kHz）	高频段（600～1000kHz）
R_{21}	1.11	1.55	1.68
R_{31}	1.09	1.13	1.21
R_{32}	2.44	1.78	1.53

（2）2012 年 12 月 27 日对此变压器进行频率响应试验，油温为 20℃。低压绕组频率响应特征曲线如图 5-9 所示。

图 5-9 中，LALB01 代表低压绕组 ab 预防性试验；LBLC01 代表低压绕组 bc 预防性试验；LCLA01 代表低压绕组 ca 预防性试验。低压绕组相关系数分析结果见表 5-24。

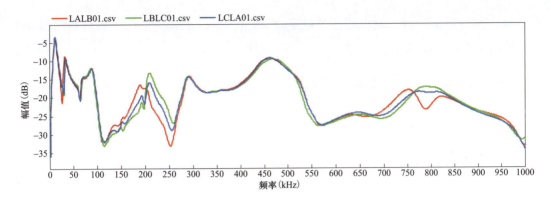

图 5-9　低压绕组频率响应特征曲线

表 5-24		低压绕组相关系数分析结果	
相关系数	低频段（1～100kHz）	中频段（100～600kHz）	高频段（600～1000kHz）
R_{21}	0.97	0.98	1.94
R_{31}	1.08	1.40	1.67
R_{32}	1.94	1.67	1.65

（3）2014 年 11 月 4 日对此变压器进行频率响应试验，油温为 36℃。低压绕组频率响应特征曲线如图 5-10 所示。

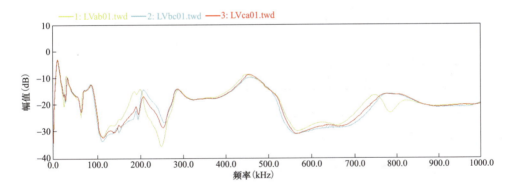

图 5-10　低压绕组频率响应特征曲线

低压绕组相关系数分析结果见表 5-25。

表 5-25		低压绕组相关系数分析结果	
相关系数	低频段（1～100kHz）	中频段（100～600kHz）	高频段（600～1000kHz）
R_{21}	1.06	0.83	0.72
R_{31}	1.12	1.10	0.82
R_{32}	1.99	1.73	2.20

（4）2016 年 3 月 21 日对此变压器进行频率响应试验，油温为 20℃。低压绕组频率响应特征曲线如图 5-11 所示。

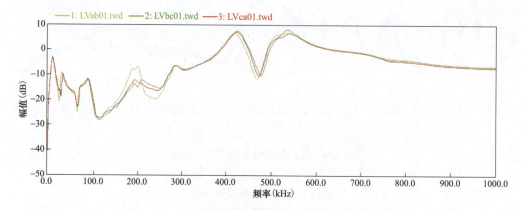

图 5-11　低压绕组频率响应特征曲线

图 5-11 中，LVab01.twd 代表低压绕组 ab 预防性试验；LVbc01.twd 代表低压绕组 bc 预防性试验；LVca01.twd 代表低压绕组 ca 预防性试验。

低压绕组相关系数分析结果见表 5-26。

表 5-26　　　　　　　　　　　低压绕组相关系数分析结果

相关系数	低频段（1～100kHz）	中频段（100～600kHz）	高频段（600～1000kHz）
R_{21}	1.07	1.49	2.42
R_{31}	1.11	1.75	2.50
R_{32}	2.02	2.35	3.30

（5）2017 年 11 月 28 日对此变压器进行频率响应试验，油温为 20℃。低压绕组频率响应特征曲线如图 5-12 所示。

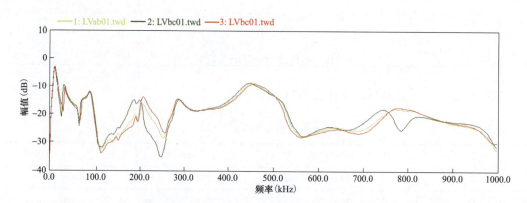

图 5-12　低压绕组频率响应特征曲线

图 5-12 中，LVab01.twd 代表低压绕组 ab 预防性试验；LVbc01.twd 代表低压绕组 bc 预防性试验；LVca01.twd 代表低压绕组 ca 预防性试验。低压绕组相关系数分析结果见表 5-27。

表 5-27　　　　　　　　　　　　低压绕组相关系数分析结果

相关系数	低频段（1～100kHz）	中频段（100～600kHz）	高频段（600～1000kHz）
R_{21}	1.13	1.07	0.54
R_{31}	1.96	1.73	1.73
R_{32}	1.07	0.80	0.43

（6）2024 年 3 月 13 日对此变压器进行频率响应试验，油温为 20℃。低压绕组频率响应特征曲线如图 5-13 所示。

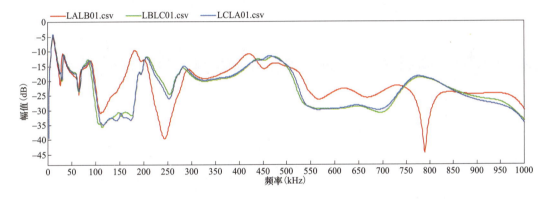

图 5-13　低压绕组频率响应特征曲线

图 5-13 中，LALB01.csv 代表低压绕组 ab 预防性试验；LALC01.csv 代表低压绕组 bc 预防性试验；LCLA01.csv 代表低压绕组 ca 预防性试验。

低压绕组相关系数分析结果见表 5-28。

表 5-28　　　　　　　　　　　　低压绕组相关系数分析结果

相关系数	低频段（1～100kHz）	中频段（100～600kHz）	高频段（600～1000kHz）
R_{21}	0.79	1.09	1.30
R_{31}	0.29	0.33	1.92
R_{32}	0.20	0.20	1.82

从历次数据来看，R_{32} 一直较高，R_{31} 和 R_{21} 在 2017 年以前与出厂数据相比没有表现出明显的异常，2024 年测试 R_{31} 和 R_{21} 明显降低，即说明曲线 1（ab 端子测试）与曲线 2（bc 端子测试）、曲线 3（ca 端子测试）的波形存在明显差异。该主变压器为 YNd11 接线，接线示意图如图 5-14 所示。

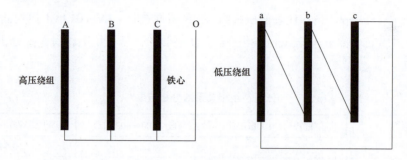

图 5-14　YNd11 接线示意图

从图 5-14 可以看出 ab 端子测试，实际是 a、c 相绕组串联后与 b 相并联的条件下测得的频率响应数据，而 bc 端子测试为 b、a 绕组串联与 c 相并联，ca 端子测试为 b、c 绕组串联与 a 相并联，bc 与 ca 端子测得的频率响应曲线相关性较高，说明 a、c 绕组状态较为一致。故 b 相绕组发生了变形。

分项结论：从频率响应数据来看，2017—2024 年之间低压 b 相绕组发生了明显改变，绕组变形加剧。与前述电容量和短路阻抗的数据在时间、相别上均能够吻合。

（四）油中溶解气体分析

2009 年至今油化验数据如表 5-29 所示。

表 5-29 油 色 谱 试 验 数 据　　　　　　　　　　　　　　　μL/L

日期	H_2	CO	CO_2	CH_4	C_2H_4	C_2H_6	C_2H_2	总烃
2009 年 1 月 30 日	1.03	8.76	184.5	0.47	0.32	0	0	0.79
2010 年 6 月 9 日	32.79	668.76	2302.34	5.26	3.24	0.85	0.39	9.74
2011 年 6 月 13 日	49.28	835.76	3348.92	7.66	4.72	1.35	0.91	14.64
2012 年 6 月 26 日	48.46	871.72	3801.81	9.4	5.88	1.96	1.23	18.47
2012 年 12 月 27 日	63.53	993.28	3569.56	10.97	6.53	2.03	1.31	20.84
2013 年 5 月 28 日	48.14	813.34	3255.83	10.62	6.08	2.34	1.17	20.21
2013 年 11 月 3 日	34.68	714.39	3243.86	9.21	6.42	2.17	1.14	18.94
2014 年 3 月 20 日	51.5	914.54	2947.28	10.13	6.59	2.08	1.03	19.83
2014 年 9 月 4 日	50.95	1088.68	3715.01	11.94	7.54	2.47	1.05	23
2015 年 5 月 22 日	37.69	957.97	3579.14	10.5	7.55	2.22	0.98	21.25
2016 年 3 月 3 日	35.78	927.78	3504.46	11.61	7.92	2.28	0.72	22.54
2017 年 6 月 14 日	21.53	992.34	3478.67	12.22	8.89	2.46	0.57	24.14
2018 年 11 月 13 日	6.68	822.16	3435.56	12.06	8.13	2.49	0.2	22.69
2019 年 1 月 13 日	7.03	943.46	4229.25	14.62	11.19	3.31	0.18	29.3
2019 年 5 月 19 日	8.56	1166.69	5225.41	17.55	12.37	3.9	0.24	34.05
2020 年 6 月 2 日	9.07	1042.61	5099.41	16.73	11.22	3.71	0.17	31.83
2020 年 11 月 23 日	14.89	1130.97	4079.47	20.03	11.68	4.28	0.22	36.21

续表

日期	H_2	CO	CO_2	CH_4	C_2H_4	C_2H_6	C_2H_2	总烃
2021 年 5 月 26 日	26.45	1149.09	6421.24	21.06	11.94	4.77	0.65	38.42
2021 年 11 月 1 日	25.28	985.1	6039.6	21.57	11.35	4.85	0.44	38.21
2022 年 5 月 16 日	38.83	1069.8	6137.07	24.09	11.63	5.14	0.53	41.39
2022 年 7 月 12 日	38	1074.38	6463.46	23.17	12	5.61	0.53	41.31
2022 年 9 月 28 日	24.04	806.28	5415.72	19.86	10.6	5.13	0.38	35.97
2022 年 11 月 17 日	19.11	687.22	4798.98	18.81	10.16	4.92	0.37	34.26
2023 年 5 月 11 日	29.84	860.38	5815.33	24.41	11.57	5.61	0.4	41.99
2024 年 3 月 11 日	22.62	811.42	5090.12	21.2	10.22	4.99	0.3	36.71

从数据可以看出，烃类随运行年限逐步增加，但 C_2H_2 由于产生需要的能量高，正常运行中，并不会随运行年限增加，乙炔的产生一定是由于温度达到了产生条件。通过分析历年 C_2H_2 数据，可以发现，在 2010 年 6 月 9 日开始产生 C_2H_2，并逐年增加，在 2012 年 12 月 27 日达到最大值后逐年下降，直到 2021 年 5 月 26 日又变大，然后又逐年减小。符合高热或放电产生 C_2H_2，后缺陷点消失，C_2H_2 逐年扩散，含量减小的特征。说明 2011 年 6 月 13 日—2012 年 12 月 27 日与 2020 年 11 月 23 日—2021 年 5 月 26 日存在过两次缺陷，分析三比值，数据差值如表 5-30 所示。

表 5-30   **2012 年 12 月 27 日数据减去 2011 年 6 月 13 日差值数据**   μL/L

数据	H_2	CH_4	C_2H_4	C_2H_6	C_2H_2
差值	14.25	3.31	1.81	0.68	0.4
差值	11.56	1.03	0.26	0.49	0.43

2012 年 12 月 27 日数据减去 2011 年 6 月 13 日数据，计算三比值为 101，电弧放电；2021 年 5 月 26 日数据减去 2020 年 11 月 23 日数据，计算三比值为 110，电弧放电。

结合电容量和短路阻抗数据，可以确定主变压器至少发生过两次伴随放电的绕组变形，第一次为 2012 年 12 月 27 日（投运），第二次为 2020 年 11 月 23 日—2021 年 5 月 26 日。由于产气速率不大，放电的烈度和面积并不大，且放电后自行恢复，大概率为间隙性放电，如匝间等。

（五）试验结论

综合考虑电容量、短路阻抗、绕组频率响应测试、油中溶解气体的结果，可以得到以下结论：

（1）主变压器在 2009 年交接试验后至 2014 年状态至少发生过一次突变（低压绕组 b 相最为严重，a、c 相也并不能完全排除），导致轻度绕组变形，且遭受冲击时发生过轻度

放电，冲击消失后放电消失。（电容量、短路阻抗、油色谱数据可以印证）

（2）主变压器低压绕组 b 相在 2017—2021 年间状态发生过突变，导致绕组变形加剧，a、c 相状态则较为稳定，未发生明显改变。感应耐压带局部放电测试结果正常，说明其绝缘状态仍有一定的裕度，可以继续运行。（电容量、短路阻抗、绕组频率响应、油色谱数据可以印证）

（3）2024 低压绕组对地电容量较 2022 年增加了 1.9%，短路阻抗增加了 0.16Ω，b 相与 a、c 相绕组的频率响应曲线相关系数下降，三者均说明主变压器绕组变形状态在 2021—2024 年间在逐渐发展。

三、变压器解体检查

该主变压器于 2021 年进行了感应耐压及局部放电试验，试验前后进行油中溶解气体分析，局部放电与油中溶解气体结果均正常。说明目前绕组状态下，其绝缘仍存在一定裕度，故虽判断其存在明显变形，主变压器仍然投运，投运后缩短了油中溶解气体分析和停电试验的周期，2024 年试验，发现其绕组变形进一步加剧，遂于 2024 年 3 月 29 日，该主变压器返回修理厂进行了吊罩检查，绕组变形的情况与吊罩前的分析完全一致，B 相低压绕组发生了明显的变形，A、C 相低压绕组发生了涉及极少匝数的轻度变形，未见绕组绝缘损伤或放电痕迹。具体情况如下：

（一）B 相绕组拔出情况

B 相高压绕组和调压绕组肉眼未见变形，低压绕组拔出前在内侧绝缘纸筒上可以看到明显扭曲，低压绕组拔出后在对应位置绕组上看到明显的扭曲变形。具体情况如图 5-15 所示。

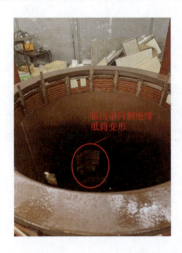

图 5-15　B 相低压绕组变形情况

低压绕组由于变形凸起与高压绕组嵌合在一起，导致拔出困难，最终导致低压凸起部分绕组绝缘擦伤以及低压下部绕组散股现象。

（二）A、C相绕组拔出情况

A、C 相高压绕组和调压绕组肉眼未见变形。低压绕组未出现如 B 相的纸筒和绕组明显扭曲变形的情况，仅在部分换位绕组处发生仅涉及一两匝的局部导线扭曲和错位。具体如下：

正常换位导线和扭曲换位导线对比如图 5-16 所示。

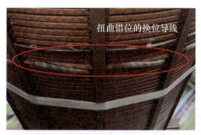

图 5-16　正常换位导线和扭曲换位导线对比

A 相低压绕组内侧纸筒和低压绕组整体情况（未见明显变形）如图 5-17 所示。

图 5-17　A、C 相低压绕组整体情况

第四节　绕组变形案例 4

一、设备简况

2013 年 4 月 15 日，对 110kV××变电站 1 号主变压器进行例行停电试验时，发现绕

组电容量与出厂及交接试验记录相比严重异常，短路阻抗值与铭牌值相比也严重异常，而且绕组的频率响应曲线也发生了异常，其他常规试验项目测得的数据与出厂及交接试验数据比较均差别不大。将该主变压器返厂修理，解体检查发现中压 A 相绕组发生了鼓包，并且绝缘破损。

设备铭牌参数见表 5-31。

表 5-31 设 备 铭 牌 参 数

型号	SFSZ10-50000/110	频率（Hz）		50
额定容量（kVA）	50000/50000/50000	相数		3
额定电压（kV）	110±8×1.25%/38.5±2×2.5%/10.5	空载电流（%）		0.22
额定电流（A）	262.4/749.8/2749.3	空载损耗（kW）		36.9
联结组别号	YNyn0d11	负载损耗（kW）	高—低	211.47
总重（kg）	89690		高—中	204.14
油重（kg）	22580		中—低	173.69
产品代号	IDB.710.2699	短路阻抗（%）	高—低	17.71
制造编号	030725		高—中	9.99
出厂日期	2003 年 7 月		中—低	6.60

二、试验情况

（一）电容量试验

对变压器绕组电容量进行了测试，出厂试验、交接试验和本次试验的测试数据如表 5-32 所示。

表 5-32 出厂试验、交接试验和本次试验电容量的测试值 nF

测试部位	出厂电容值	交接电容值	本次电容值
高→中、低及地	15.43	15.482	14.99
中→高、低及地	23.21	23.352	25.90
低→高、中及地	19.51	19.678	22.96
高、中、低→地	14.47	14.593	14.85
高、中→低及地	13.61	13.679	16.76

三绕组变压器绕组电容等效电路图如图 5-18 所示。实际中还存在高压绕组与低压绕组

之间的电容 C_{13}，由于其电容量数值比较小，可以忽略不计。因此，通过 5 次接线测得的试验数据联列方程组可以解出图 5-18 中的 5 个电容值。通常测试的绕组电容量为高对中、低及地 C_{X1}，中对高、低及地 C_{X2}，低对高、中及地 C_{X3}，高、中、低对地 C_{X4}，高、中对低及地 C_{X5}。通过列方程组可得出 $C_1 \sim C_3$、C_{12}、C_{23}，进而分析判断变压器绕组变形情况。

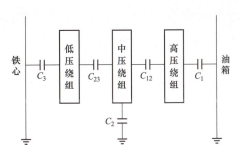

图 5-18　三绕组变压器绕组电容等效电路图

电容量经换算到各绕组电容量，如表 5-33 所示。

表 5-33　　　　　　　　　　　　各绕组电容量的计算值

C_X	出厂电容值（nF）	交接电容值（nF）	本次电容值（nF）	ΔC_X 本次-出厂（%）	ΔC_X 本次-交接（%）
C_1	2.915	2.9045	2.925	0.34	0.71
C_2	1.37	1.3925	1.4	2.18	0.54
C_3	10.185	10.298	10.525	3.34	2.20
C_{12}	12.515	12.5775	12.065	−3.60	−4.07
C_{23}	9.325	9.389	12.435	33.35	32.44

从表 5-33 计算出各绕组的电容量可以直观地看出，中压绕组与低压绕组之间的电容量增加了 32.44%，变化最大，高压绕组与中压绕组之间电容量小幅度降低，减小了 4.25%，低压绕组对地的电容量增加了 2.20%，说明了中、低压绕组在电动力作用下向铁心收缩，导致中压绕组与低压绕组间的距离大幅度减小，低压绕组与铁心之间的距离也减小，高中压绕组之间的距离小幅增大。中压绕组严重变形，低压绕组也发生了一定的变形。

（二）低电压短路阻抗试验

短路阻抗试验时，测量采用单相低电压短路阻抗，其试验数据如表 5-34 所示。

表 5-34　　　　　　　　　　短路阻抗试验数据　　　　　　　　　　　%

绕组	铭牌 U_{ke}	实测 U_k	偏差 ΔU_k
高→低	17.71	18.15	2.48
高→中	9.99	10.40	4.10
中→低	6.60	6.16	−6.67

从表 5-34 试验数据可看出，高压绕组对低压绕组短路阻抗增加了 2.48%，高压绕组对中压绕组短路阻抗增加了 4.1%，中压绕组对低压绕组短路阻抗减小了 7.14%，说明中压绕

组向内收缩，低压绕组也有一定程度的向内收缩。三绕组变压器遭受短路冲击时，由于短路侧不同，电流分配不同，会导致冲击时，高低压三绕组的磁密情况不一样，当低压短路，高、中压向低压绕组供电时，低压绕组的磁密最高，且电流最大，此时低压绕组受力最大，受到向内收缩的力，与本案例的数据特征不符。当中压短路，高、低压绕组均向中压供电，且高压分配的电流较大时，中压绕组区域的磁密大，且中、低压绕组均向内收缩，中压绕组更加严重，与本案例特征相符。

绕组单相电抗值的横向比较如表 5-35 所示。

表 5-35 绕组单相电抗值的横向比较 %

绕组	Z_{kA}	Z_{kB}	Z_{kC}	ΔZ_k
高→低	18.02	18.43	18	2.4
高→中	10.32	10.28	10.62	3.3
中→低	5.80	6.44	6.24	11.03

从表 5-35 绕组单相电抗值的横向比较数据可看出，中压对低压时相间偏差最大，其中 A 相的电抗值与其余两相偏差较大，因此可以初步判断 A 相绕组可能发生严重变形。

（三）频率响应试验

利用频率响应法对变压器绕组进行测试，由于高、低压绕组频率响应曲线相似度较高，这里主要对中压绕组进行分析，中压绕组的频率响应曲线如图 5-19 所示。由于该变压器没有历史频率响应图谱，所以只利用横向比较法进行分析。中压绕组频率响应曲线如图 5-19 所示。

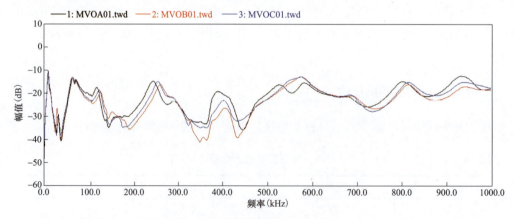

图 5-19 中压绕组频率响应曲线

从图 5-19 可以看出，在中频段三条曲线一致性很差，峰值和频率变化较大，A 相曲线的谐振峰值点向低频方向偏移，并且伴随峰值点不同程度上升的波峰和波谷发生明显变化，则可以初步判断该变压器 A 相绕组可能发生局部变形现象。

（四）油中溶解气体分析

2007 年至今油化验数据无明显异常和变化，数据如表 5-36 所示。

表 5-36   油 色 谱 试 验 数 据   μL/L

日期	H_2	CO	CO_2	CH_4	C_2H_4	C_2H_6	C_2H_2	总烃
2007 年 3 月 22 日	9.27	1054.1	2167.01	16.29	2.94	3.19	0.12	22.54
2008 年 2 月 22 日	83.82	1169.36	4259.78	24.84	2.8	4.78	0.35	32.77
2009 年 11 月 6 日	48.27	1234.85	4444.58	24.74	2.64	4.45	0.18	32.01
2010 年 5 月 20 日	54.29	1317.78	5233.19	27.03	3.22	5.75	0.22	36.22
2011 年 5 月 10 日	44.96	1414.58	5585.03	29.13	3.24	6.09	0.19	38.83
2012 年 5 月 4 日	37.98	1331.04	5128.53	28.81	3.22	5.91	0.12	38.06
2013 年 4 月 5 日	36.71	1338.9	5068.96	27.76	3.38	6.27	0.17	27.76

（五）试验结论

综合电容量法、频率响应法和短路阻抗法的试验分析，可以推断出此台变压器的中压 A 相绕组发生严重变形。

三、变压器解体检查

将该主变压器返厂修理。解体检查发现中压 A 相绕组确实发生了鼓包，并且绝缘破损，如图 5-20 所示。由于变压器绕组的绝缘漆未被彻底破坏，并未发生放电。直流电阻、变比、油中溶解气体等项目均合格。但此等程度的绕组变形，造成的绝缘破坏和距离变化，必然会导致局部放电发生较大变化，若进行局部放电试验诊断，可能可以检出。中压 A 相绕组变形情况如图 5-20 所示。

图 5-20   中压 A 相绕组变形情况

该主变压器中压侧负荷全部来自磷化工厂，其高压熔炉负荷为非线性冲击负荷，熔炉启停时造成巨大的冲击电流，使变压器中压侧绕组承受极大的冲击电动力，长此以往致使主变压器绕组变形。

第五节   绕组变形案例 5

一、设备简况

2019 年 110kV××变电站 1 号主变压器中压侧 B、C 相绕组变形，进行返厂大修，更换中压侧 B、C 相绕组，于 2019 年 12 月 24 日投运。2021 年 3 月 18 日，1 号主变压器计划停电进行例行试验，发现主变压器中压侧 A 相绕组数据异常，存在绕组变形情况。

设备铭牌参数见表 5-37。

表 5-37 设 备 铭 牌 参 数

型号	SSZ11-50000/110	频率（Hz）	50	
额定容量（kVA）	50000/50000/50000	相数	3	
额定电压（kV）	110±8×1.25%/38.5±2×2.5%/10.5	空载电流（%）	0.13	
额定电流（A）	262.4/749.8/2749.3	空载损耗（kW）	32.6	
联结组别号	YNyn0d11	负载损耗（kW）	高-低	209.72
总重（kg）	83710		高-中	200.57
油重（kg）	19450		中-低	174.09
产品代号	1PBA.S2752D.100	短路阻抗（%）	高-低	极限正分接 18.49
				额定正分接 18.20
				极限负分接 17.94
出厂序号	120302703		高-中	极限正分接 10.62
				额定正分接 10.10
				极限负分接 10.06
出厂日期	2011 年 5 月		中-低	额定正分接 6.63

二、试验情况

（一）电容量试验

两次试验电容量测试值比较见表 5-38，各绕组电容量的换算值见表 5-39。

表 5-38 两次试验电容量测试值比较

测试方式	2019 年测试值（nF）	2021 年测试值（nF）	偏差（%）
高→中、低及地	14.64	14.05	−4.03
中→高、低及地	22.60	25.86	14.42
低→高、中及地	20.06	23.97	19.49
高、中、低→地	14.47	14.58	0.76
高、中→低及地	14.92	18.73	25.54

表 5-39 各绕组电容量的换算值

测试方式	2019 年测试值（nF）	2021 年测试值（nF）	偏差（%）
C_{10}	3.48	3.46	−0.57
C_{20}	1.185	1.21	2.11
C_{30}	9.805	9.91	1.07
C_{12}	11.16	10.59	−5.11
C_{23}	10.255	14.06	37.10

从表 5-39 可以看出，中压绕组与低压绕组之间的电容量，大幅度增加了 37.10%，高压绕组与中压绕组之间电容量减小了 5.11%，中压绕组对地的电容量增加了 2.11%，说明了中压绕组在电动力作用下向铁心收缩，导致中压绕组与低压绕组间的距离大幅度减小，高、中压绕组之间的距离小幅度增大。

中压绕组地电容量发生变化可能的原因：由第二章受力分析可知，当各绕组电抗高度不相等时，会导致横向漏磁场，导致绕组受轴向力，对于高、中压侧，当短路冲击时，高、中压侧挡位若不在额定或最大、最小挡，均会导致通流的绕组受较大的轴向力，绕组轴向变形后，会导致对地距离变化，从而导致对地电容量变化。

（二）低电压短路阻抗试验

2019 年主变压器返厂大修后与 2021 年主变压器例行试验短路阻抗测试值如表 5-40 所示。

表 5-40 两次试验主变压器短路阻抗比较 %

测试方式	位置	2019 年测试值	2021 年测试值	偏差
高对中	极限正分接（1 挡）	10.347	10.573	2.18
	主分接（9 挡）	9.844	10.181	3.42
	极限负分接（17 挡）	9.828	10.149	3.27
高对低	极限正分接（1 挡）	18.48	18.475	−0.03
高对低	主分接（9 挡）	18.01	18.008	−0.01
	极限负分接（17 挡）	18.02	18.005	−0.08
中对低	主分接（9 挡）	6.499	6.161	−5.20

从表 5-40 可以看出，高压绕组对低压绕组短路阻抗值的偏差很小；高压绕组对中压绕组短路阻抗值增加了 3% 左右，说明高压对中压的漏电抗增加，即高压与中压的漏磁通增加，高中压绕组之间的距离增大；中压绕组对低压绕组短路阻抗值减小了 5.20%，说明中压对低压的漏电抗减小，即中压与低压的漏磁通减小，中低压绕组之间的距离减小。2021 年主变压器例行试验绕组单相短路阻抗值的横向比较如表 5-41 所示。

表 5-41　　　　　　　　　　　单相短路阻抗值的横向比较

测试方式	位置	短路阻抗分相（Ω）				相间偏差（%）
		A	B	C	平均值	
高对中	极限正分接（1 挡）	33.7	30.19	28.96	30.95	16.37
	主分接（9 挡）	26.52	23.66	23.65	24.61	12.14
	极限负分接（17 挡）	21.48	19.08	19.12	19.89	12.58
高对低	极限正分接（1 挡）	53.91	54.29	54.08	54.09	0.70
	主分接（9 挡）	43.54	43.63	43.54	43.57	0.21
	极限负分接（17 挡）	35.28	35.3	35.26	35.28	0.11
中对低	主分接（3 挡）	1.617	1.923	1.939	1.83	19.91

由于 2019 年没有分相数据，将 2021 年分相数据与 2019 年铭牌值进行比较，可知 A 相高对中 1、9、17 挡与 2019 年有明显变化。将 2019 年高对中 1、9、17 挡百分数换算成阻抗分别为 30.3、23.82、19.26。计算 A 相 2021 年与其差值分别为 3.4、2.7、2.22。

$$\frac{\Delta X_{L1}}{\Delta X_{L9}} = \frac{X_{L1-2021} - X_{L1-2019}}{X_{L9-2021} - X_{L9-2019}} = 1.26，\quad \frac{\Delta X_{L17}}{\Delta X_{L9}} = \frac{X_{L17-2021} - X_{L17-2016}}{X_{L9-2021} - X_{L9-2016}} = 0.82，而根据铭牌变比有$$

$$\left(\frac{W_1}{W_9}\right)^2 = 1.21，\quad \left(\frac{W_{17}}{W_9}\right)^2 = 0.81。$$通过前述案例可知 A 相符合遭受短路冲击后变形的特征。且由于短路阻抗变化量较大，变形较为严重。

（三）频率效应试验

利用频率响应法对变压器绕组进行测试，由于高、低压绕组频响曲线相似度较高，这里主要对中压绕组进行分析，中压绕组的频率响应曲线如图 5-21 所示。图 5-21 中编号 1 的黄色曲线为 A 相，编号 2 的绿色曲线为 B 相，编号 3 的红色曲线为 C 相。相关系数分析结果如表 5-42 所示，表 5-42 中 R_{21} 表示 AB 两相的相关系数，R_{31} 表示 AC 两相的相关系

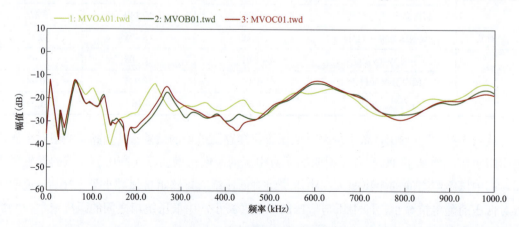

图 5-21　中压绕组频率响应曲线

数，R_{32} 表示 BC 两相的相关系数。

表 5-42 中压绕组相关系数分析结果

相关系数	低频段（1～100kHz）	中频段（100～600kHz）	高频段（600～1000kHz）
R_{21}	1.24	0.27	0.81
R_{31}	1.20	0.28	0.75
R_{32}	1.37	1.19	1.77

从图 5-21 和表 5-42 可以看出，在低频段（1～100kHz）三条曲线重合性较好，并且相关系数 $2 > R_{LF} \geq 1$；在中频段（100～600kHz）三条曲线一致性很差，峰值和频率变化较大，A 相曲线的谐振峰值点向低频方向偏移。相关系数 $R_{21} < 0.6$，$R_{31} < 0.6$，$R_{32} \geq 1$；在高频段（600～1000kHz）三条曲线的走向基本一致，三相曲线间的相关系数 $R_{HF} \geq 0.6$。由此可以印证变压器的 A 相绕组发生变形。

综合电容量法、频率响应法和短路阻抗法的试验分析，可以明显地看出，电容量法和短路阻抗法分析的结果是一致的，都表明了中低压绕组之间的电气距离缩小，同时通过频率响应法和短路阻抗法的分析结果都表明了 A 相绕组发生变形。A 相变形原因可能为 2019 年 B、C 相绕组遭受冲击后变形时，A 相的绕组紧固已经被破坏，但返厂时仅对 B、C 相进行了维修。2019—2021 年间遭受中压侧短路后，A 相遭受大电流冲击，且主要短路电流由高压侧供给，造成中压绕组向内收缩，高对中短路阻抗增大，中对低短路阻抗减小，中对低电容量 C_{20} 增大。

（四）试验结论

根据电容量、短路阻抗、绕组频率响应测试均指向中压 A 相绕组。当没有短路阻抗分相历史数据时，可以尝试与之前的平均值（铭牌）进行比较，若之前的平均值测试时三相绕组状态均良好，也可以获得差值的比值特征。

三、变压器解体检查

后续对该主变压器进行了返厂，返厂后 A 相吊开，中压绕组图片如图 5-22 所示。

图 5-22　A 相变形图片

本 章 小 结

本章主要介绍三个双绕组和两个三绕组的绕组变形案例，可以得出以下结论。

（1）电容量反映绕组变形简单可靠，但无法判断具体相别。

（2）短路阻抗能可靠诊断绕组变形。尤其是遭受短路冲击后，短路阻抗的变化具有明显变大的特征；同时对高压侧有调压绕组（布置方式从铁心往外依次为低—高压主绕组—高压调压绕组的筒状结构）的变压器，对于不同挡位漏抗增量应在 $\left(\dfrac{W_\text{t}}{W_\text{e}}\right)^2$ 左右。结合此两条，可以可靠判断绕组是否发生变形、变形的相别。

（3）频率响应测试对绕组变形敏感度较高，但案例 1 中 B 相、C 相绕组均发生了变形，绕组频率响应仅能有效反映出 B 相变形。应以电容量、短路阻抗测试结果为主要判据，绕组频率响应测试结果为辅助判据。

（4）极端负荷情况下，建议可在主变压器中压侧加装限流电抗器，限制冲击电流对主变压器的影响。后续可以考虑加强对变压器的在线监测，如油色谱在线监测、绕组变形在线监测、机械振动在线监测等。

第6章

电力变压器绕组变形在线监测装置的研制

第一节 在线监测装置的理论依据

一种基于短路阻抗在线计算的变压器绕组变形预警方法，该方法：首先对在线获取的变压器不同电压等级侧电压和电流的采样值进行快速傅里叶变换（FFT）运算处理，再利用预先建立的变压器阻抗参数计算模型计算出阻抗参数，接着利用阻抗参数生成多个暂态阻抗参数曲面，并通过对暂态阻抗参数曲面间的空间距离分析与重心提取，得到有效阻抗参数，然后，利用可信性处理后的有效阻抗参数计算出变压器在工频 50Hz 及各有效频点条件下不同电压等级侧绕组间的短路阻抗值，最后利用实时计算出的短路阻抗数据，判断是否发出变压器绕组变形预警。

步骤如下：

（1）在线获取当前时刻变压器不同电压等级侧的电压和电流的采样值，并通过 FFT 运算，得到当前时刻变压器不同电压等级侧的电压和电流在每个有效频点上对应的矢量值。

（2）将变压器不同电压等级侧的电压和电流在每个有效频点上对应的矢量值输入至与变压器类型适配的变压器阻抗参数计算模型中，得到所述变压器阻抗参数计算模型在每个有效频点上当前时刻的阻抗参数。

（3）重复执行步骤（1）~（2），获取所述变压器阻抗参数计算模型在每个有效频点上多个连续时刻的阻抗参数，并将每个有效频点上对应的多个连续时刻的阻抗参数构建为每个有效频点对应的暂态阻抗参数数据集，基于直接近邻关系和高斯核距离，计算每个数据集中的暂态阻抗参数的偏离度，并滤除每个数据集中偏离度超过预设阈值的暂态阻抗参数。

（4）对每个有效频点对应的暂态阻抗参数数据集进行空间曲面拟合运算，生成每个有效频点对应的暂态阻抗参数曲面，该曲面由时间、电阻、电抗构成。

基于最小二乘法原理曲面拟合，定义曲面拟合模型为

$$z_i = a_0 + a_1 x_i + a_2 y_i + a_3 x_i^2 + a_4 x_i y_i + a_5 y_i^2 + \cdots + \varepsilon_i \qquad (6\text{-}1)$$

为使暂态阻抗参数数据集中每个数据点到曲面拟合模型对应拟合点距离之和为最小，对求解系数求偏导，得

$$S^T(z - S\hat{a}) = 0 \qquad (6\text{-}2)$$

其中，$S = \begin{bmatrix} 1 & x_1 & y_1 & x_1^2 & x_1 y_1 & y_1^2 & \cdots \\ 1 & x_2 & y_2 & x_2^2 & x_2 y_2 & y_2^2 & \cdots \\ \vdots & \vdots & \vdots & \vdots & \vdots & \vdots & \vdots \\ 1 & x_n & y_n & x_n^2 & x_n y_n & y_n^2 & \cdots \end{bmatrix}$，$z = \begin{bmatrix} z_1 \\ z_2 \\ \vdots \\ z_n \end{bmatrix}$，$\hat{a} = \begin{bmatrix} a_0 \\ a_1 \\ \vdots \\ a_k \end{bmatrix}$。

则待求系数的最小二乘估算表示为

$$\hat{a} = (S^T S)^{-1} S^T z \qquad (6\text{-}3)$$

进而，求出 $a_0, a_1, \cdots, a_k$ 的拟合值大小，得到用于确定对应的暂态阻抗参数曲面的曲面拟合模型方程。

（5）重复执行步骤（3）～（4），获取每个有效频点对应的多个连续生成的暂态阻抗参数曲面，并将每个有效频点上对应的多个暂态阻抗参数曲面构建为暂态阻抗参数曲面集合。

（6）计算每个暂态阻抗参数曲面集合中暂态阻抗参数曲面间的空间距离，将暂态阻抗参数曲面集合中每个暂态阻抗参数曲面分别用相应的数据集来表示，并计算每个暂态阻抗参数曲面的数据集之间的马氏距离，将计算出的马氏距离作为暂态阻抗参数曲面间的空间距离。

以在频点 f_0 下求多曲面空间距离计算为例，曲面 1 可用数据集 P 表示为

$$P = \begin{pmatrix} R_1 & X_1 & T_1 \\ R_2 & X_2 & T_2 \\ R_3 & X_3 & T_3 \\ \vdots & \vdots & \vdots \\ R_n & X_n & T_n \end{pmatrix} \qquad (6\text{-}4)$$

曲面 2 可用数据集 Q 表示为

$$Q = \begin{pmatrix} r_1 & x_1 & t_1 \\ r_2 & x_2 & t_2 \\ r_3 & x_3 & t_3 \\ \vdots & \vdots & \vdots \\ r_n & x_n & t_n \end{pmatrix} \qquad (6\text{-}5)$$

其中，P_i、Q_i 表示数据集中的第 i 个维度，$P_i = (P_{1i}, P_{2i}, P_{3i}, \cdots, P_{ni})^T$，$Q_i = (Q_{1i}, Q_{2i}, Q_{3i}, \cdots, Q_{ni})^T$，则数据集 P 记为 $P = (P_1, P_2, P_3, \cdots, P_m)$，数据集 Q 记为 $Q = (Q_1, Q_2, Q_3, \cdots, Q_n)$，$\Sigma$ 为协方差矩阵。

那么，曲面 1 与曲面 2 之间的马氏距离为

$$d_{PQ} = \sqrt{(P-Q)^T \sum{}^{-1}(P-Q)} \tag{6-6}$$

式中　d_{PQ}——曲面 P 与曲面 Q 之间的马氏距离。

若该距离小于阈值时，判定数据有效，否则丢弃相关阻抗参数曲面对应的数据；同理，计算可得到其他有效频点下对应阻抗参数曲面之间的空间距离。

（7）判断计算出的空间距离是否超过空间距离阈值；若超过所述空间距离阈值，则丢弃所述暂态阻抗参数曲面集合中空间距离最大的相关暂态阻抗参数曲面，并重新执行步骤（6），更新所述暂态阻抗参数曲面集合；若计算出的空间距离均未超过所述空间距离阈值，则继续步骤（8）。

（8）计算每个有效频点对应的暂态阻抗参数曲面集合中曲面间的几何重心，并将计算出的几何重心作为每个有效频点的有效阻抗参数。

首先将暂态阻抗参数曲面集合中的全部阻抗参数曲面用一个数据集来表示，并在该数据集中选取任一对象，确定以对象 m 为中心、r 为半径的球，分别求得对象 m 与该数据集中其余点之间的欧式距离为

$$d(m,n) = \sqrt{(R_m - R_n)^2 + (X_m - X_n)^2 + (t_m - t_n)^2} \tag{6-7}$$

式中　n——数据集 S 中除对象 m 外的任意一点；

$d(m,n)$——数据集 S 中对象 m 与其余点之间的距离。

统计欧式距离小于半径 r 的点数，若该点数最多则判定对象 m 为几何重心，通过此方法得到变压器每个电压等级侧在每个有效频点对应的有效阻抗参数。

（9）重复执行步骤（5）～（8），获取每个有效频点对应的多个有效阻抗参数，并将多个有效阻抗参数的平均值作为该有效频点的采信阻抗参数，判断每个有效频点对应的平均值与理论阻抗参数值的比例是否超过预设值，若超过预设阈值，则滤除相应的采信阻抗参数，并重新执行步骤（9），以获取相应有效频点对应的多个有效阻抗参数。

（10）将每个有效频点的采信阻抗参数分别换算成工频 50Hz 条件下对应的阻抗参数，根据每个有效频点与工频 50Hz 的倍数关系，将采信阻抗参数中的电抗参数折算为工频 50Hz 条件下的电抗参数，并结合采信阻抗参数中的电阻参数，得到工频 50Hz 条件下的阻抗参数，并将换算成的所有阻抗参数的平均值作为基波阻抗参数。

（11）根据变压器每个电压等级侧的基波阻抗参数，计算出变压器在工频 50Hz 条件下不同电压等级侧绕组间的短路阻抗值；根据每个有效频点的采信阻抗参数，计算出变压器在各有效频点条件下不同电压等级侧绕组间的阻抗值，并根据变压器在各有效频点条件下不同电压等级侧绕组间的阻抗值，计算出相应的频率-阻抗特征曲线。

（12）重复执行步骤（9）～（11），并将计算出的变压器不同电压等级侧绕组间的短路阻抗值和"频率—短路阻抗特征曲线"记录至短路阻抗计算结果数据表中。

（13）根据所述短路阻抗计算结果数据表，实时判断是否发出变压器绕组变形预警。在线监测装置流程图如图 6-1 所示。

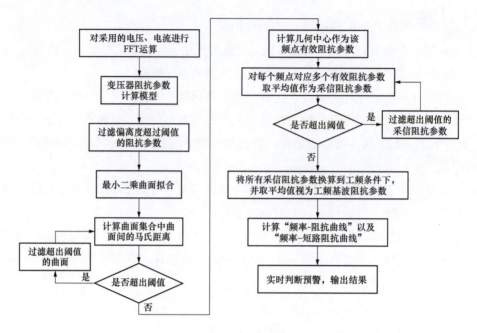

图 6-1　在线监测装置流程图

第二节　在线监测装置的设计

一、装置构成

电力变压器绕组变形在线监测装置主要由采集单元、数据处理单元、开入开出单元、显示单元、通信单元、电源单元和后台监测软件组成。

采集单元：采集变压器各绕组电压、电流，铁心及夹件接地电流、母联电流等数据。

数据处理单元：综合处理采集单元采集的监测数据，分析变压器绕组变形、铁心及夹件接地、短路冲击等情况，并将分析数据上传到后台监测软件。

开入开出单元：用于接入和发送开关量信号。

显示单元：用于显示监测数据、系统状态等。

通信单元：用于与其他设备通信。

电源单元：为装置提供工作所需的电源。

后台监测软件：用于远程查看监测数据，进行监测数据的深度分析等。

装置拓扑图如图 6-2 所示。

（一）采集单元

采集单元由多个采集插件组合而成，可适应不同的应用场景。

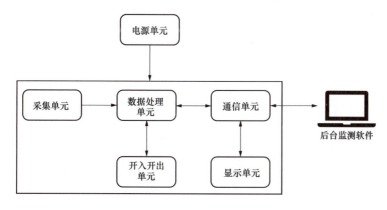

图 6-2　装置拓扑图

采集单元通过互感器采集变压器 TV、TA 二次侧的电压、电流数据：

（1）变压器高/中/低压绕组三相电压。

（2）变压器高/中/低压绕组三相测量电流（主要用于迭代计算模型参数）。

（3）变压器高/中/低压绕组三相保护电流（主要用于统计短路冲击能量及次数）。

（4）变压器铁心及夹件接地电流。

（5）变压器母联电流（多台变压器存在并列运行的情况，在设计之初预留好母联电流的接口，当装置同时监测两台及以上变压器时，可通过母联电流或母联开关状态判断变压器的运行方式）。

（二）开入开出单元

开入开出单元由开入插件和开出插件组成。

开入插件可接入被测变压器的辅助触点或开关状态等，用于协助分析变压器的运行状态。

开出插件可用于输出装置的告警信号或控制命令等。

（三）数据处理单元

数据处理单元和采集单元和开入开出单元通过背板连接或光纤通信，对传输上来的被测变压器基础运行参数进行处理并计算分析，得到变压器的实时运行数据，通过模型分析对变压器的绕组变形状况以及所遭受的短路冲击情况做出合理的判断，发出告警信号或控制命令等。

（四）显示单元

装置提供可触摸显示屏，直观显示被测变压器的运行数据及告警信息等，设置运行参数，查看运行状态。显示单元功能如图 6-3 所示。

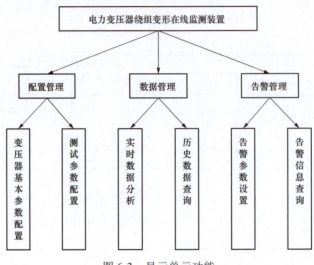

图 6-3　显示单元功能

（五）电源单元

为了提供电源的稳定性，装置采用交直流通用的供电方式。通常情况下可从主控室的直流馈线屏备用电源处取 220V 直流电源。但若现场情况不具备直流电源供电的条件，也可使用交流 220V 供电，但在使用时需考虑安装不间断电源设备，避免交流电源长时间中断或跌落较多影响装置的正常工作。

（六）后台监测软件

后台监测软件可用作变电站内实时监控或大屏显示，也可提供远程查看方式，通过网线传输接收来自数据处理单元的数据，显示告警信息，也可查询历史数据，结合历史数据进行趋势分析，为运维人员提供数据参考，运维人员可根据实时监测的结果合理安排检修时间。

二、功能设计

（一）数据同步采集功能

装置的数据采集分为数字量和模拟量的采集。模拟量包括变压器各绕组三相电压、三相保护电流、三相测量电流、母联电流、铁心及夹件接地电流数据，数字量包括变压器有载调压分接头位置和母联断路器位置等的开关量信号等。

装置可接收来自站内时钟同步系统的同步信号，不同采样插件之间实现高精度同步采样，最高采样频率可达 100kHz，采用连续无缝采样方式。

（二）短路阻抗在线计算功能

数据处理单元对实时采样的数据进行 FFT 运算处理后，输入与变压器类型适配的变压器阻抗参数计算模型，通过空间曲面拟合运算和距离算法得到每个有效频点上的有效阻抗参数，换算成工频条件下对应的基波阻抗参数，计算出最终的短路阻抗值，并得到响应的频率-短路阻抗特征曲线，如图 6-4 所示。

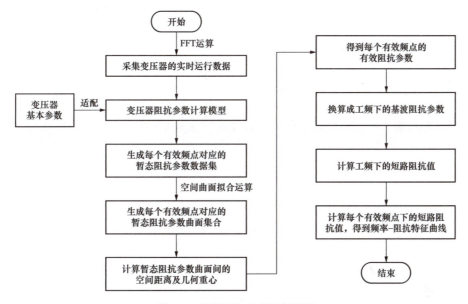

图 6-4　短路阻抗在线计算逻辑

基于短路阻抗变化的绕组变形告警规则如下：

（1）不同电压等级绕组（高—中、中—低、高—低）之间，A/B/C 三个单相短路阻抗的平均值与变压器铭牌短路阻抗值之间的偏差超过设定阈值，即发出绕组变形告警。

（2）不同电压等级绕组（高—中、中—低、高—低）之间，A/B/C 相的短路阻抗值之间的最大互差超过设定阈值，即发出绕组变形告警。

（3）不同电压等级绕组（高—中、中—低、高—低）之间，A/B/C 相的短路阻抗值在一段时间内的变化率超过设定阈值，即发出绕组变形告警。

（三）短路冲击在线分析功能

在遭受短路冲击时，自动录波记录短路电流、实时电压，以及冲击持续时间，估算短路冲击能量。参考 DL/T 1093—2018《电力变压器绕组变形的电抗法检测判断导则》，根据短路电流大小及持续时间（或者冲击能量）将短路冲击分为 4 挡，如表 6-1 所示，根据不同挡的冲击次数评估判断变压器可能存在的运行风险，发出告警信号。

表 6-1　　　　　　　　　　短路冲击告警规则示例

挡位	短路冲击告警规则
1（$a<25\%$）	短路冲击次数＞6 次或累积短路冲击能量＞设定阈值
2（$25\%\leqslant a<45\%$）	短路冲击次数＞3 次或累积短路冲击能量＞设定阈值
3（$45\%\leqslant a<65\%$）	短路冲击次数＞1 次或累积短路冲击能量＞设定阈值
4（$a\geqslant65\%$）	短路冲击次数＞1 次或累积短路冲击能量＞设定阈值

注　$a=\dfrac{实际短路电流}{允许短路电流}\times100\%$。

（四）变压器实时电压比计算功能

变压器在运行过程中，其运行状态异常或分接位置的改变都会导致电压比的变化。实时监测电压比的变化，可以及时发现变压器在运行过程中可能出现的过载、绝缘损坏或分接机构故障等问题。变压器实时电压比的告警逻辑如图 6-5 所示。

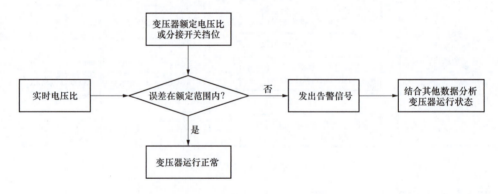

图 6-5　变压器实时电压比的告警逻辑

（五）变压器实时损耗计算功能

在运行状态下，变压器的损耗会根据电流、温度、负载等的变化而发生变化。实时计算变压器的损耗，可以帮助运维人员对变压器的负载、冷却方式、运行方式等做出及时调整，实时瞬态损耗还可用于发现绕组匝间短路并及时告警，保障变压器的安全稳定运行。

（六）变压器并列运行监测功能

装置通过采集插件的适配可同时监测两台变压器的运行状况。为了系统运行的安全与稳定，对并列运行的变压器的额定电压、短路阻抗、联结组别及容量都有严格的规定。当两台变压器处于并列运行时，监测两台变压器的运行电流，若不满足等比分配电流的原则，即发出告警信号。

（七）母线并列运行监测功能

当双母线并列运行时，装置同时监测双母线电压值，当变压器所在母线故障或处于检修状态下，系统切换到另一母线运行时，装置自动采取另一条母线的电压作为变压器的一次侧电压，如图 6-6 所示。

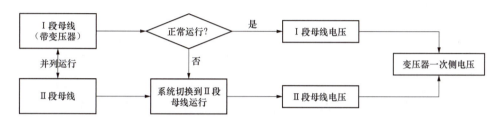

图 6-6　母线并列运行的软件逻辑

第三节　在线监测装置的典型应用场景

1 套在线监测装置最多可同时支持两台三绕组变压器的在线监测，本小节均以同时监测两台变压器展开说明。

一、三相双绕组变压器（电网、降压变压器）

同时监测两台三相双绕组变压器时在线监测装置配置如图 6-7 所示，两台三相双绕组变压器同时被监测时，在线监测装置需同时接入 1 号变压器与 2 号变压器高压侧、低压侧三相母线电压、三相计量电流（或测量电流）、三相保护电流。为了区分两台变压器运行方式，因此还需接入分段电流或分段开关位置信号。此外，可选配接入变压器铁心和夹件接地电流，便于分析变压器铁心和夹件是否存在多点接地，还可以通过接地电流的频谱特征变化分析评估内部相关接线或结构是否发生变化。

二、三相三绕组变压器（电网、降压变压器）

情形一：高/中/低压侧均为单母分段接线

如图 6-8 所示，该方式相比三相双绕组变压器的应用，在线监测装置配置还需接入中压侧三相母线电压、三相计量电流（或测量电流）、三相保护电流，其他接入与三相双绕组变压器的应用相同。

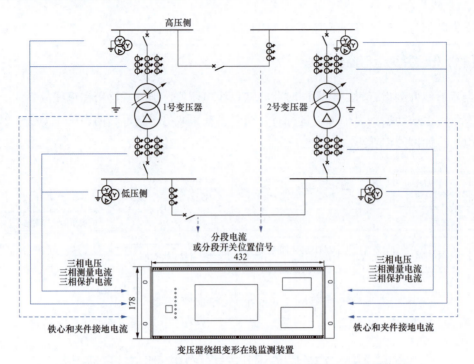

图 6-7 同时监测两台三相双绕组变压器时在线监测装置配置

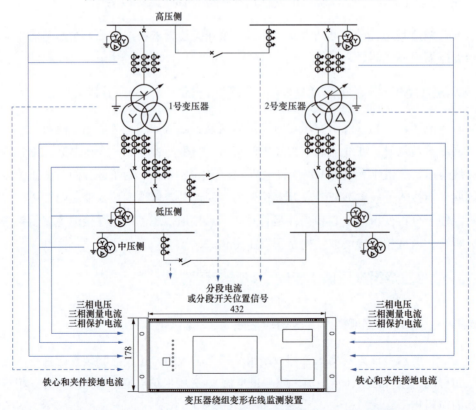

图 6-8 情形一：高/中/低压侧均为单母分段接在线监测装置配置

情形二：高压侧双母线带旁路母线、中/低压侧单母分段接线

如图 6-9 所示，该方式相比情形一，在线监测装置配置还需接入旁路母线 TV 三相电压，其他接入与情形一相同。

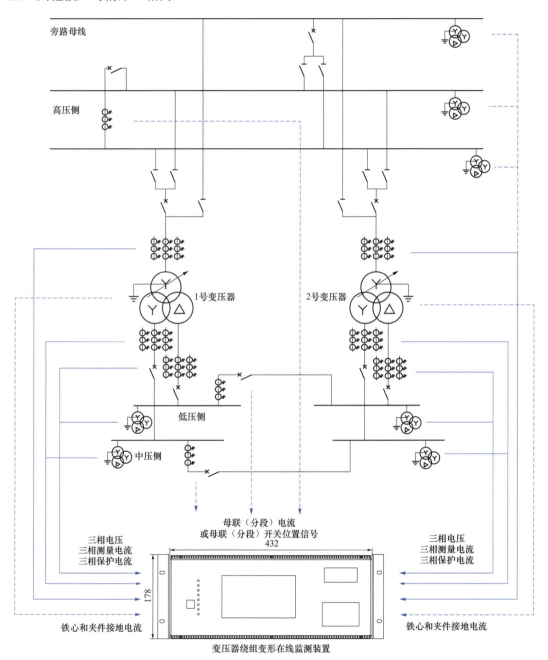

图 6-9　情形二：高压侧双母线带旁路母线、中/低压侧单母分段接线在线监测装置配置

情形三：高压侧双母线分段、中/低压侧单母分段接线

如图 6-10 所示，该方式相比情形一，在线监测装置配置需接入每段 TV 三相电压，其他接入与情形一相同。

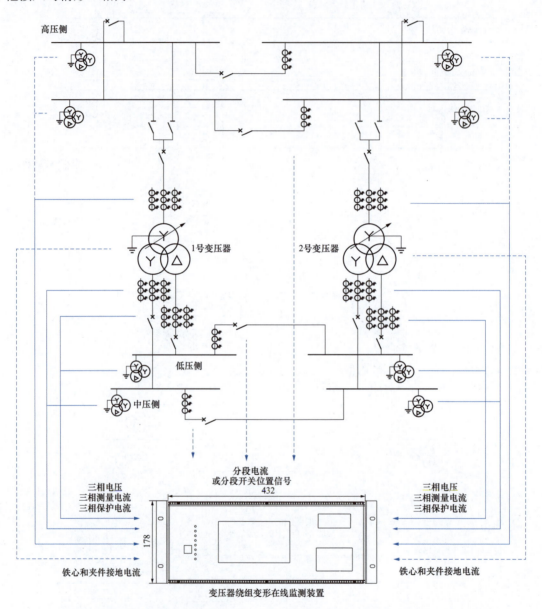

图 6-10   情形三：高压侧双母线分段、中/低压侧单母分段接线在线监测装置配置

三、自耦变压器（电网、降压变压器）

如图 6-11 所示，该方式中，1 号变压器与 2 号变压器高压侧、中压侧、低压侧三相母

线电压、三相计量电流（或测量电流）、三相保护电流、母联（分段）电流或母联（分段）开关位置信号的接入与三相双绕组变压器应用相同。此外，可选配接入变压器铁心和夹件接地电流，由于此类变压器 A 相、B 相、C 相是分别独立的单相变压器，因此还需分别获取 A 相、B 相、C 相的铁心与夹件接地电流，以此分析每相变压器铁心和夹件是否存在多点接地，还可以通过接地电流的频谱特征变化分析评估内部相关接线或结构是否发生变化。

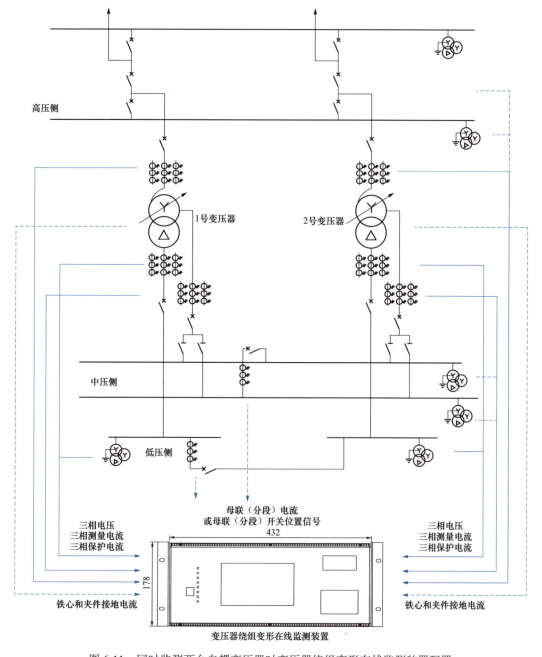

图 6-11　同时监测两台自耦变压器时变压器绕组变形在线监测装置配置

四、三相双绕组（发电厂、升压变压器；工矿企业、降压变压器）

情形一：升压变压器低压侧配置了总路电流互感器

如图 6-12 所示，该方式针对升压变压器低压侧配置了总路电流互感器，可直接获取得到低压侧总路电流情形。需接入 1 号升压变压器与 2 号升压变压器高压侧、低压侧三相母线电压、三相计量电流（或测量电流）、三相保护电流、铁心和夹件电流。此外，只需接入高压侧分段电流或分段开关位置信号。

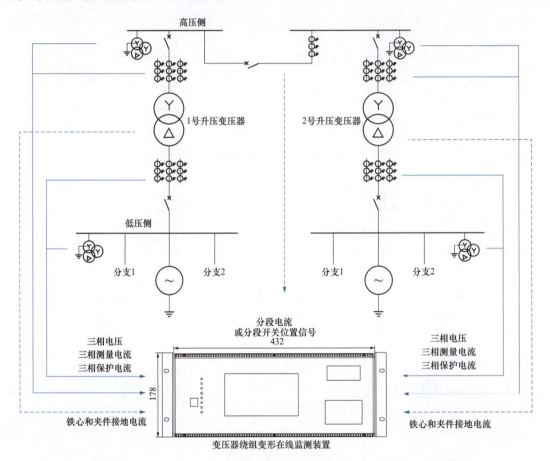

图 6-12　同时监测两台三相双绕组升压变压器时变压器绕组变形在线监测装置配置（情形一）

情形二：升压变压器低压侧未配置总路电流互感器

如图 6-13 所示，该方式针对升压变压器低压侧未配置总路电流互感器，无法直接获取得到低压侧总路电流情形。该方式配置与情形一区别在于：以图 6-11 为例，该方式需分别获取发电机机端电流、分支 1 电流、分支 2 电流，以此合成量的相反向量值即为装置所需的低压侧电流，其余接入方式与情形一相同。

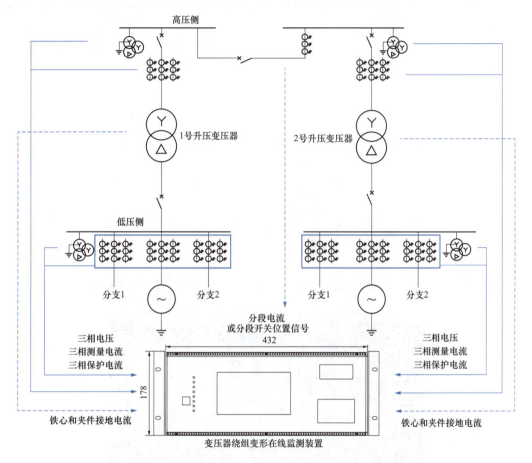

图 6-13 同时监测两台三相双绕组升压变压器时变压器绕组变形在线监测装置配置（情形二）

第四节 应 用 案 例

本节将介绍变压器绕组变形在线监测装置在不同电压等级（35kV、110kV、220kV、330kV、500kV）变压器下的实际应用案例。

一、35kV 电压等级

新疆某化工企业电气热电车间 35kV 总降站 2 台升压变压器基本信息如表 6-2 所示。

2024 年 5 月 10 日，对 1 号主变压器与 2 号主变压器进行变压器绕组变形在线监测装置现场安装与应用。

35kV 总降站现场安装图如图 6-14 所示。

表 6-2 变压器主要参数

1号主变压器		2 号主变压器	
型号	SF11-63000/35	型号	SF11-63000/35
额定容量（MVA）	63	额定容量（MVA）	63
额定电压（kV）	38.5±3×2.5%/10.5	额定电压（kV）	38.5±3×2.5%/10.5
联结组别号	Yd11	联结组别号	Yd11

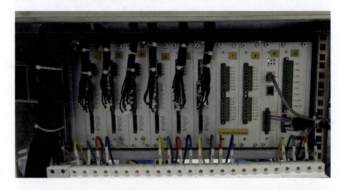

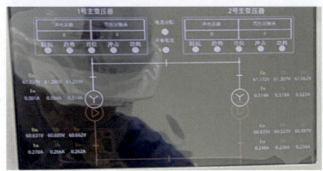

图 6-14　35kV 总降站现场安装图

　　1 号变压器与 2 号变压器在线监测计算结果如表 6-3 所示。

　　从表 6-3 在线监测计算结果来看，1 号、2 号主变压器横向、纵向对比结果满足 DL/T 1093—2018《电力变压器绕组变形的电抗法检测判断导则》规定。

表 6-3　　　　　　　　　　　　在 线 监 测 计 算 结 果

项目	计算方式	运行挡位	短路阻抗（%）					纵比（%）	横比（%）
			出厂值	实测值			平均		
				A 相	B 相	C 相			
1 号主变压器	高对低	4	10.21	10.17	10.16	10.14	10.16	−0.53	0.36
2 号主变压器		4	10.21	10.11	10.2	10.12	10.14	−0.75	2.15

二、110kV 电压等级

（一）案例 1

四川德阳某 110kV 变电站 2 台主变压器基本信息如表 6-4 所示。

表 6-4　　　　　　　　　　　　变 压 器 主 要 参 数

1 号主变压器		2 号主变压器	
型号	SFSZ10-40000/110	型号	SSZ10-40000/110
额定容量（MVA）	40/40/40	额定容量（MVA）	40/40/40
额定电压（kV）	110±8×1.5%/38.5±2×2.5%/10.5	额定电压（kV）	110/38.5/10.5
联结组别号	YNyn0d11	联结组别号	YNyn0d11

2021 年 12 月 6 日，对 1 号主变压器与 2 号主变压器进行变压器绕组变形在线监测装置现场安装与应用。

变电站现场安装图如图 6-15 所示。

1 号主变压器与 2 号主变压器在线监测计算结果如表 6-5 所示，由于 1 号、2 号主变压器运行挡位位置在 5 挡，无法进行纵向比较。

表 6-5　　　　　　　　　　　　在 线 监 测 计 算 结 果

项目	计算方式	运行挡位	短路阻抗（%）				横比（%）
			实测值			平均	
			A 相	B 相	C 相		
1 号主变压器	高对中	5	10.19	10.21	10.13	10.18	0.79
	高对低		18.34	18.32	18.29	18.32	0.27
	中对低		6.68	6.59	6.66	6.64	1.35
2 号主变压器	高对中	5	10.22	10.17	10.14	10.17	0.78
	高对低		18.31	18.28	18.35	18.31	0.38
	中对低		6.71	6.65	6.64	6.67	1.05

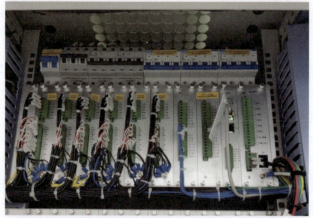

b

图 6-15　变电站现场安装图

从表 6-5 在线监测计算结果来看，1 号、2 号主变压器横向对比结果满足 DL/T 1093—2018《电力变压器绕组变形的电抗法检测判断导则》规定。

（二）案例 2

四川德阳某 110kV 变电站 2 台主变压器基本信息如表 6-6 所示。

表 6-6　　　　　　　　　　　　　　变 压 器 主 要 参 数

1 号主变压器		2 号主变压器	
型号	SFZ11-50000/110	型号	SFSZ9-31500/110
额定容量（MVA）	50	额定容量（MVA）	31.5
额定电压（kV）	110±8×1.5%/38.5±2×2.5%/10.5	额定电压（kV）	110/38.5/10.5
联结组别号	YNyn0d11	联结组别号	YNyn0d11

2021 年 3 月 17 日，对 1 号主变压器与 2 号主变压器进行变压器绕组变形在线测试。110kV 变电站现场测试图如图 6-16 所示。

图 6-16　110kV 变电站现场测试图

1 号主变压器与 2 号主变压器在线监测计算结果如表 6-7 所示，由于 1 号、2 号主变压器运行挡位位置在 5 挡，无法进行纵向比较。

表 6-7　　　　　　　　　　　　　　在 线 监 测 计 算 结 果

项目	计算方式	运行挡位	短路阻抗（%）				横比（%）
			实测值			平均	
			A 相	B 相	C 相		
1 号主变压器	高对中	5	10.53	9.21	9.12	9.62	15.46
	高对低		17.26	17.23	17.31	17.27	0.46

续表

项目	计算方式	运行挡位	短路阻抗（%）				横比（%）
			实测值			平均	
			A 相	B 相	C 相		
1 号主变压器	中对低	5	5.19	6.17	6.23	5.86	20.04
2 号主变压器	高对中	5	9.59	9.67	9.56	9.61	1.15
	高对低		17.81	17.93	17.68	17.81	1.41
	中对低		6.45	6.56	6.41	6.47	2.34

根据 DL/T 1093—2018《电力变压器绕组变形的电抗法检测判断导则》，容量 100MVA 及以下且电压 220kV 以下的电力变压器绕组 3 个单相参数的最大相对互差不应大于 2.5%。

从表 6-7 在线监测计算结果来看，高对中与中对低短路阻抗三相最大相对互差分别为 15.46%、20.04%，均严重超过注意值 2.5%，且 A 相较 B、C 两相互差较大，再结合该变压器近年来的离线试验数据对比分析，则可初步判定 1 号主变压器中压侧 A 相绕组存在严重变形。

2 号主变压器横向对比结果满足 DL/T 1093—2018《电力变压器绕组变形的电抗法检测判断导则》规定。

三、220kV 电压等级

四川内江某 220kV 变电站 2 台主变压器压器基本信息如表 6-8 所示。

表 6-8   变压器主要参数

1 号主变压器		2 号主变压器	
型号	SFPSZ10-150000/220	型号	SFPSZ10-150000/220
额定容量（MVA）	150/150/75	额定容量（MVA）	150/150/75
额定电压（kV）	220±8×1.5%/121/10.5	额定电压（kV）	220±8×1.5%/121/10.5
联结组别号	YNyn0d11	联结组别号	YNyn0d11

2023 年 10 月 26 日，对 1 号主变压器与 2 号主变压器进行变压器绕组变形在线监测装置现场安装与应用。220kV 变电站现场安装图如图 6-17 所示。

1 号主变压器与 2 号主变压器在线监测计算结果如表 6-9 所示。

从表 6-9 在线监测计算结果来看，1 号、2 号主变压器横向对比结果满足 DL/T 1093—2018《电力变压器绕组变形的电抗法检测判断导则》规定。

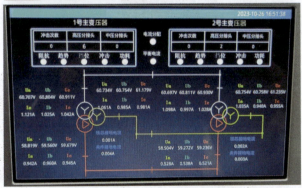

图 6-17 220kV 变电站现场安装图

表 6-9 在 线 监 测 计 算 结 果

项目	计算方式	运行挡位	短路阻抗（%）				横比（%）
			实测值			平均	
			A 相	B 相	C 相		
1 号主变压器	高对中	6	13.29	13.25	13.31	13.28	0.45
	高对低		23.01	23.11	22.98	23.03	0.56
	中对低		7.71	7.65	7.73	7.70	1.03
2 号主变压器	高对中	2	13.34	13.27	13.41	13.34	1.04
	高对低		23.11	23.21	23.14	23.15	0.43
	中对低		7.51	7.49	7.56	7.52	0.93

四、330kV 电压等级

甘肃某 330kV 变电站 2 台主变压器基本信息如表 6-10 所示。

表 6-10   变 压 器 主 要 参 数

1 号主变压器		2 号主变压器	
型号	OSFPSZ-240000/330	型号	OSFPSZ-240000/330
额定容量（MVA）	240/240/72	额定容量（MVA）	240/240/72
额定电压（kV）	345±8×1.5%/121/35	额定电压（kV）	345±8×1.5%/121/35
联结组别号	YNa0d11	联结组别号	YNa0d11

2024 年 4 月 26 日，对 1 号主变压器与 2 号主变压器进行变压器绕组变形在线监测装置现场安装与应用。330kV 变电站现场安装图如图 6-18 所示。

图 6-18   330kV 变电站现场安装图

1 号主变压器与 2 号主变压器在线监测计算结果如表 6-11 所示。

表 6-11　　　　　　　　　　　　　　　在线监测计算结果

项目	计算方式	运行挡位	短路阻抗（%）				横比（%）
			实测值			平均	
			A 相	B 相	C 相		
1 号主变压器	高对中	4	10.91	10.95	10.94	10.93	0.36
	高对低		26.22	25.71	26.18	26.04	1.95
	中对低		12.93	12.96	12.99	12.96	0.46
2 号主变压器	高对中	4	11.09	10.86	10.94	10.96	2.09
	高对低		25.67	26.08	26.13	25.96	1.77
	中对低		12.75	12.98	12.88	12.87	1.79

从表 6-11 在线监测计算结果来看，1 号、2 号主变压器横向对比结果满足 DL/T 1093—2018《电力变压器绕组变形的电抗法检测判断导则》规定。

五、500kV 电压等级

四川某 500kV 变电站 1 台主变压器基本信息如表 6-12 所示。

表 6-12　　　　　　　　　　　　　　　变 压 器 主 要 参 数

3 号主变压器	
型号	ODFPS-250000/500GY
额定容量（MVA）	250/250/80
额定电压（kV）	$\frac{500}{\sqrt{3}}$ /（$\frac{230}{\sqrt{3}}$ ±2×2.5%）/36
联结组别号	Ia0I0

2023 年 3 月 1 日，对 3 号主变压器进行变压器绕组变形在线监测装置现场安装与应用。500kV 变电站现场安装图如图 6-19 所示。

3 号主变压器在线监测计算结果如表 6-13 所示。

表 6-13　　　　　　　　　　　　　　　在 线 监 测 计 算 结 果

项目	计算方式	运行挡位	短路阻抗（%）				横比（%）
			实测值			平均	
			A 相	B 相	C 相		
3 号主变压器	高对中	1	12.05	12.11	12.09	12.08	0.49
	高对低		43.18	43.01	42.89	42.89	0.67
	中对低		27.74	27.54	27.66	27.66	0.72

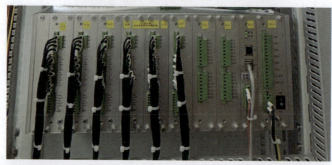

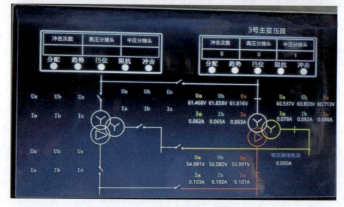

图 6-19　500kV 变电站现场安装图

从表 6-13 在线监测计算结果来看，3 号主变压器横向对比结果满足 DL/T 1093—2018《电力变压器绕组变形的电抗法检测判断导则》规定。

本 章 小 结

本章中首先介绍一种基于短路阻抗在线计算的变压器绕组变形预警方法，提供了判断变压器绕组变形的理论依据。重点介绍了绕组变形在线监测装置的硬件构成和工作原理，论述了软件功能的设计和实现流程。其次描述了绕组变形在线监测装置在电网、发电厂、大型钢铁化工等工矿企业几种典型应用场景下的配置，最后介绍了绕组变形在线监测装置在不同电压等级（35kV、110kV、220kV、330kV、500kV）变压器下的实际应用案例，简单对各应用案例计算结果进行说明。

参 考 文 献

[1] 赵静月. 变压器制造工艺 [M]. 北京：中国电力出版社，2009.

[2] 尹克宁. 变压器设计原理 [M]. 北京：中国电力出版社，2003.

[3] 郭清海. 典型变压器故障案例分析与检测 [M]. 北京：中国电力出版社，2010.

[4] 李洪奎. 大型电力变压器绕组短路强度与稳定性研究 [D]. 沈阳：沈阳工业大学，2011.

[5] 李涛，张艳，李勇，等. 变压器短路承受能力试验研究 [J]. 电气传动自动化，2023，45（1）：58-62.

[6] 谢毓城. 电力变压器手册 [M]. 北京：机械工业出版社，2014.

[7] 李冰阳. 电力变压器短路冲击累积效应的机理研究 [D]. 武汉：华中科技大学，2016.

[8] Lech W，Tyminski L. Detecting transformer winding damage-the low voltage impulse method [J]. Electrical Review，1966，179（21）：768-772.

[9] 王钰，徐大可，李彦明，等. 检测变压器绕组变形的低压脉冲法测试系统研究 [J]. 高电压技术，1998，（3）：24-27，34.

[10] 刘斌，崔婷，安昌萍. 毫微秒脉冲法用于变压器绕组变形研究初探 [J]. 华中电力，2010，23（3）：46-48，50.

[11] 秦少臻，王钰，李彦明，等. 检测变压器绕组变形的低压脉冲法的研究 [J]. 变压器，1997，（7）：26-31.

[12] 王钰，徐大可，李彦明. 小波分析在变压器绕组变形诊断中的应用 [J]. 高电压技术，1997，（4）：13-16.

[13] 陆治军，孙才新，陈伟根，等. 小波变换在变压器绕组变形识别中的研究 [J]. 重庆大学学报（自然科学版），1999，22（4）：63-68.

[14] 李宏达，黄鼎琨，张彬，等. 改进的低压脉冲法对变压器绕组变形的探测研究 [J]. 南京理工大学学报（自然科学版），2020，44（1）：15-20.

[15] Dick E P，Erven C C. Transformer diagnostic testing by frequency response analysis [J]. IEEE Transactions on Power Apparatus and systems，1978（6）：2144-2153.

[16] 王钰，李彦明，张成良. 变压器绕组变形检测的 LVI 法和 FRA 法的比较研究 [J]. 高电压技术，1997（01）：13-15+18.

[17] 吕航. 电力变压器绕组变形检测与诊断方法研究 [D]. 北京：华北电力大学，2014.

[18] 胡文佳. 变压器绕组变形检测技术应用研究 [D]. 成都：电子科技大学，2008.

[19] 武剑利. 频响分析法检测变压器绕组变形的理论研究 [D]. 武汉：武汉大学，2004.

[20] 辜承林. 电机学 [M]. 武汉：华中科技大学出版社，2000.

[21] 邹德旭，钱国超，井永腾，等. 基于漏磁能量法的变压器短路阻抗计算与分析 [J]. 变压器，2019，

56（1）：13-17.

[22] 杨卓. 变压器内部结构超声成像检测方法的研究 [D]. 沈阳：沈阳工程学院，2020.

[23] 刘伟家. 基于超声波测距的变压器绕组变形检测系统 [D]. 上海：上海交通大学，2016.

[24] 潘晓华. 变压器绕组变形在线检测技术研究 [D]. 北京：华北电力大学，2017.

[25] 李昭炯. 在线检测变压器绕组故障的注入信号波形选择的研究 [D]. 重庆：重庆大学，2015.

[26] 欧阳凡. 基于端口数据的配电变压器缺陷诊断 [D]. 广州：华南理工大学，2019.

[27] 王嫱. 基于电流比变化量的电力变压器内部匝间短路保护方法 [D]. 重庆：重庆大学，2013. DOI：10. 7666/d. D355353.

[28] 李江帆，张晓飞，梁锡海，等. 配电变压器匝间短路故障监测技术 [J]. 河南城建学院学报，2012，21（6）：48-50+58.

[29] 颜景安，王家楷，陈建生. 变压器匝间短路状态下变比模拟试验及故障侧的判断 [J]. 电力技术，1991（1）：71-73+16.

[30] 李卓昕，彭敏放，黄清秀，等. 行波反射法在变压器绕组匝间短路故障定位中的应用 [J]. 电力系统保护与控制，2016，44（21）：84-89.

[31] 朱生鸿，秦睿，杨萍，等. 扫频阻抗法检测变压器绕组匝间短路故障 [J]. 绝缘材料，2014，47（4）：93-96.

[32] 孙翔，何文林，邱炜，等. 基于扫频阻抗法的变压器匝间短路故障检测 [J]. 高压电器，2016，52（3）：29-33.

[33] 李继攀，刘宏领，郭奇军，等. 基于功率因数角的接地变压器匝间短路故障辨识 [J]. 供用电，2023，40（9）：50-57.

[34] 孟一飞. 配电变压器匝间短路故障发展特性及检测方法研究 [D]. 北京：华北电力大学，2023.

[35] 张晓飞. 电力变压器匝间短路故障在线监测技术及装置研究 [D]. 武汉：华中科技大学，2014.

[36] 张天国. 气体色谱分析技术在变压器故障分析中的应用 [J]. 聚酯工业，2021，34（4）：24-27.

[37] 刘云鹏，许自强，李刚，等. 人工智能驱动的数据分析技术在电力变压器状态检修中的应用综述 [J]. 高电压技术，2019，45（2）：337-348.